先进制造应用禁忌系列丛书

特种设备焊接禁忌

山东省特种设备协会　编

机械工业出版社
CHINA MACHINE PRESS

本书从特种设备法律法规及标准规范、焊接安全、焊接接头种类和焊缝形式、焊接应力和变形、焊接工艺评定、焊接材料、各种材料焊接工艺、典型结构和产品焊接等方面，归纳总结了焊接施工过程需要特别注意的问题，尤其是近 400 个技术误区和操作禁忌，实用性和针对性非常强，焊接操作人员在技术工作和生产中可吸取经验教训，以提高其理论水平和实操技能水平。

本书可供制造安装企业和检验检测单位的工程技术人员、检验员、检验师、焊接人员及中级以上焊工、焊工技师等参考学习，也可作为相关从业人员的技术培训教材。

图书在版编目（CIP）数据

特种设备焊接禁忌/山东省特种设备协会编．—北京：机械工业出版社，
2022. 1（2023. 11 重印）

（先进制造应用禁忌系列丛书）

ISBN 978-7-111-69992-7

Ⅰ. ①特… Ⅱ. ①山… Ⅲ. ①焊接-禁忌 Ⅳ. TG4

中国版本图书馆 CIP 数据核字（2022）第 007561 号

机械工业出版社（北京市百万庄大街 22 号 邮政编码 100037）
策划编辑：王 颖 责任编辑：王 颖
责任校对：邵 蕊 责任印制：单爱军
北京虎彩文化传播有限公司印刷
2023 年 11 月第 1 版第 2 次印刷
184mm×260mm·10 印张·2 插页·222 千字
标准书号：ISBN 978-7-111-69992-7
定价：58.00 元

电话服务 网络服务
客服电话：010-88361066 机 工 官 网：www.cmpbook.com
 010-88379833 机 工 官 博：weibo.com/cmp1952
 010-68326294 金 书 网：www.golden-book.com
封底无防伪标均为盗版 机工教育服务网：www.cmpedu.com

编写委员会

主　　编：秦国梁　山东大学
副主编：郭怀力　山东省特种设备协会
　　　　牛宗志　中石化第十建设有限公司
　　　　张春雨　山东中杰特种装备股份有限公司
主　　审：张　波　山东省特种设备协会
编委会：（排名不分先后）
　　　　涂学光　威海热电有限公司
　　　　唐元生　中石化第十建设有限公司
　　　　张胜男　中石化第十建设有限公司
　　　　马志才　中石化第十建设有限公司
　　　　战　强　中国石油天然气第七建设有限公司
　　　　宋世强　中国石油天然气第七建设有限公司
　　　　马云军　中石化胜利油建工程有限公司
　　　　姜欢欢　中石化胜利油建工程有限公司
　　　　孙文科　济南市特种设备检验研究院
　　　　郭利伟　山东电建一公司
　　　　张忠文　国网山东电力科学研究院
　　　　黄孝鹏　鲁西集团
　　　　周忠文　鲁西集团
　　　　张利红　山东省特种设备协会
　　　　黄振杰　威海市职业中等专业学校
　　　　董　彬　山东省特种设备协会
　　　　王发永　山东泰斯特检测公司
　　　　张玉昌　山东泰斯特检测公司
　　　　位延堂　东营市特种设备协会
　　　　韩冬青　山东胜邦塑胶有限公司

张　锋　青岛市特种设备检验检测研究院

刘　钢　济南市特种设备检验研究院

矫恒杰　平度市检验检测中心

编写组成员：

第 1 章

编撰：孙文科（济南市特种设备检验研究院）
　　唐元生（中石化第十建设有限公司）

审校：郭怀力（山东省特种设备协会）

第 2 章、第 3 章

编撰：孙文科（济南市特种设备检验研究院）

审校：郭怀力（山东省特种设备协会）

第 4 章

编撰：战　强（中国石油天然气第七建设有限公司）
　　马云军（中石化胜利油建工程有限公司）

审校：郭怀力（山东省特种设备协会）

第 5 章

编撰：张忠文（国网山东电力科学研究院）

审校：郭怀力（山东省特种设备协会）

第 6 章

编撰：黄孝鹏（鲁西集团）

审校：周忠文（鲁西集团）

第 7 章

编撰：张忠文（国网山东电力科学研究院）

审校：郭怀力（山东省特种设备协会）

第 8 章

编撰：唐元生、张胜男（中石化第十建设有限公司）

审校：战　强（中国石油天然气第七建设有限公司）

第 9 章

编撰：唐元生、马忠才（中石化第十建设有限公司）

审校：战　强（中国石油天然气第七建设有限公司）

第 10 章

编撰：战　强（中国石油天然气第七建设有限公司）

审校：唐元生（中石化第十建设有限公司）

第 11 章

编撰：战　强（中国石油天然气第七建设有限公司）
　　宋世强（中国石油天然气第七建设有限公司）
　　马云军（中石化胜利油建工程有限公司）

审校：唐元生（中石化第十建设有限公司）

第 12 章

编撰：唐元生（中石化第十建设有限公司）

审校：郭怀力（山东省特种设备协会）

第 13 章

编撰：唐元生（中石化第十建设有限公司）
　　张利红（山东省特种设备协会）

审校：王发永、张玉昌（山东泰斯特检测公司）

第 14 章

编撰：韩冬青（山东胜邦塑胶有限公司）

审校：位延堂（东营市特种设备协会）

　　锅炉、压力容器（含气瓶）、压力管道、电梯、起重机械、客运索道、大型游乐设施及场（厂）内专用机动车辆等属特种设备。特种设备制造和建造的关键技术是焊接加工技术，设备的制造质量，特别是焊接质量对安全生产、人民生命安全具有重大影响。特种设备一旦发生重大安全事故，将会造成巨大的经济损失和人身伤亡，近些年来多起重大安全事故带来的惨痛教训，令人记忆犹新，这也说明在特种设备焊接方面尚有很多工作需要我们去做。

　　特种设备的制造和建造施工要求特别高，不同行业制定的标准种类多且分类细，由此给焊接工作带来了不少困扰，尤其是大量应用的焊条电弧焊，对焊工操作技能要求更高，工艺规范更严格，这也增加了焊接施工的难度。

　　特别重要的是，在焊接施工过程中存在对涉及的法规、安全技术规范和标准（包括国家标准、行业标准）宣传不到位、执行不规范等问题，如为赶工期采用不符合标准、规范要求的非正规施工操作，为特种设备事故的发生埋下了严重隐患。相关管理和工程技术人员应加强对《特种设备安全法》《特种设备安全监察条例》等法律法规以及相关安全技术规范、标准进行深入学习，宣传贯彻到基层一线，让单位的领导、工程技术人员能对特种设备安全"知法规""懂法规""警钟长鸣、常抓不懈"。

　　山东是制造业大省，也是特种设备制造和建造大省，全省锅炉、压力容器等特种设备及部件制造企业有1500余家；同时，山东也是石油化工建设和电力建设大省，焊接技术的应用规模居于全国前列。

　　山东省特种设备协会作为山东省特种设备行业的社会组织，积极推进先进焊接技术在特种设备制造和建造中的应用，以提升特种设备本质安全的保证能力。协会于2013年成立焊接专业委员会，统筹全省特种设备行业先进焊接技术的交流和应用推广，搭建了全省特种设备焊接技术论坛平台，有效地促进了先进焊接技术在锅炉、压力容器等特种设备制造和建造中的推广应用。另外，还组织了山东省特种设备焊工职业技能竞赛，推动焊接职业技能人才培训事业的发展，为促进山东省焊工技能水平的提高做出了突出贡献。

　　本书是山东省特种设备协会及其焊接专业委员会的专家、工程技术人员梳理总结了多年在特种设备焊接施工和执行标准、规范、规程中遇到的一些问题，其中有经验也有教训；澄清了特种设备焊接施工过程中一些容易混淆的问题，指出了一些容易出现的不符合规定的焊接施工操作，不仅对从事特种设备焊接施工的一线技术人员和操作人员具有很好的借鉴意义，而且对其他行业从事焊接作业的人员也具有一定的参考价值。殷切期望本书的出版能够为制造和建造高质量、安全可靠的特种设备添砖加瓦！

谨向《特种设备焊接禁忌》的各位编审和组织者等为本书付出的辛勤劳动表示诚挚感谢！衷心期望读者对本书不足之处提出意见和建议。

郭增大

2021 年 9 月 17 日

前　言

特种设备的制造或建造质量直接决定了设备的本质安全，影响运行安全，关系到人身生命和财产安全，甚至社会稳定。因此，基于保证安全的需要，特种设备需要采用各种不同的高性能或者具有特殊性能的材料；随着特种设备的不断发展，其性能和要求也在不断提高。焊接技术作为重要的材料成形与加工工艺，是特种设备制造和建造的关键技术之一，在一定程度上对某些特种设备的本质安全具有决定性意义。随着对特种设备性能要求的不断提高，许多新型高性能材料不断被应用到特种设备中，以满足高性能、高可靠性的制造要求。随之出现的焊接技术发展和焊接新材料的应用，也给特种设备的制造和焊接施工提出了新的更高的要求。

为了促进特种设备焊接技术的发展，山东省特种设备协会于2013年9月成立了焊接专业委员会；专委会成立以来，先后举办了8届"山东省特种设备焊接技术论坛"，以论坛和应用场景的形式，推动先进焊接技术、高性能焊接材料以及自动化焊接工艺和装备在特种设备行业中的应用，促进行业焊接制造技术水平提高，提升制造和建造过程的本质安全水平，助推特种设备产业发展。

近年来，随着高性能焊接新材料、高效焊接新工艺在特种设备中不断地应用，协会收到了许多会员单位和个人在焊接施工方面的一些技术问题，涵盖了有关法律法规、安全技术规范的要求，以及焊接材料、焊接工艺、设备等各方面内容。基于此，专业委员会对涉及的技术问题进行归类分析，并挑选了一些具有代表性、与焊接施工紧密相关、在施工中容易忽略或错误操作的问题，组织了一批来自特种设备制造、安装单位、检验机构和大专院校中富有一线焊接施工操作经验的技术能手和专家学者对问题进行研究答复，逐步形成了《特种设备焊接禁忌》的初步素材。

2020年底，金属加工杂志社邀请山东省特种设备协会合作编撰一本有关特种设备焊接施工禁忌方面的书籍，于是双方对特种设备制造和建造焊接施工中一些技术问题进行了归纳总结，并邀请国内焊接一线技能大师、专家学者一起编撰了《特种设备焊接禁忌》。为做好编撰工作，协会制定编撰计划、落实编撰任务，先后四次组织召开编撰研讨会，研究编写内容、审校书稿。

《特种设备焊接禁忌》一书收录了有关特种设备法律法规、安全技术规范、安全生产、焊接材料、焊接设备、焊接工艺以及非金属焊接等内容，归纳总结了焊接施工过程一些特别需要注意的问题，适于焊接施工一线的技术人员和操作人员参考借鉴，对其他行业焊接施工人员也有一定的参考价值。

本书编撰得到了中石化第十建设有限公司、中国石油天然气第七建设有限公司、中石化胜利建设工程有限公司、国网山东电力科学研究院、东营市特种设备协会、济南市特种设备检验研究院、山东胜邦塑胶有限公司、山东中杰特种装备股份有限公司、山东大学等单位和行业团队专家学者的大力支持，各位专家学者在较短的时间内投入了大量精力，克服了新冠疫情带来的无法面对面交流的困难，以饱满的热情高质量地完成了本书的编撰和审校工作。在此，对各位编撰、审校专家学者的辛勤工作表示衷心的感谢！同时也对金属加工杂志社和编辑王颖老师的大力支持表示感谢。

在本书的编撰过程中，原山东工业大学校长、焊接界的老前辈邹增大教授非常关心编撰进展情况，并给出许多很好的指导性建议，在此对邹校长对本书给予的关心和支持表示衷心的感谢！

鉴于时间比较紧，在对一些共性焊接施工值得注意问题的收集过程中，难免有遗漏，真诚希望广大读者批评指正！

衷心希望本书的出版能为特种设备焊接施工质量的提高和技术进步，以及特种设备安全事业发展略尽绵薄之力。

编　者

2021 年 9 月 16 日

目 录

第1章

特种设备法律法规、标准规范

特种设备的生产（包括设计、制造、安装、改造及修理）、经营、使用、检验、检测和特种设备安全的监督管理遵守《特种设备安全法》，国家建立了特种设备的法规标准体系，特种设备生产、经营、使用、检验与检测应当遵守有关特种设备安全技术规范及相关标准，特种设备安全技术规范由国务院负责特种设备安全监督管理的部门制定。

特种设备法规体系包括：法律、行政法规、部门规章、安全技术规范与引用标准五个层次。

第一层次：法律，如《特种设备安全法》；

第二层次：行政法规，如《特种设备安全监察条例》；

第三层次：安检总局令、部门规章等，如 ZBFGH 115—2009《特种设备事故报告和调查处理规定》等；

第四层次：安全技术规范，如 TSG 21—2016《固定式压力容器安全技术监察规程》等各项技术规程、规则；

第五层次：引用标准，如 GB 150.1～150.4—2011《压力容器》等安全技术规范引用的标准。

1.1 特种设备术语

（1）忌将特种设备监督检验、定期检验、委托检验混淆

原因：正确理解掌握监督检验、定期检验、委托检验的含义。

监督检验和定期检验是《特种设备安全法》规定的强制性检验，并由国务院特种设备安全监督管理部门核准的检验机构按照相应特种设备安全技术规范确定的项目、内容、要求和方法进行。

监督检验是一种过程监督，包括对制造、安装、改造和重大修理过程中涉及安全性能的项目核实确认，对出厂技术资料进行确认，以及对受检单位质量管理体系运转情况进行抽查等。

定期检验是对在用特种设备进行的、按照一定周期开展的检验工作，通过定期检验及时发现特种设备的缺陷和存在的问题，有针对性地采取相应措施，消除事故隐患，使特种设备在具备安全性能的状态下和规定的周期内运行，将发生事故的概率控制在最小范围内。

委托检验不是法定检验，一般由客户根据需要，委托符合相应资质条件的检验机构按照相应的技术标准对特种设备进行的检验，可以是核准的特种设备检验机构，也可以是其他技术机构。

措施：监督检验、定期检验、委托检验是特种设备检验中常见的检验种类，应正确理解掌握其含义，并根据情况正确选择使用。

（2）忌将特种设备和一般设备概念混淆

原因：根据《特种设备安全法》中的定义，特种设备是指对人身和财产安全有较大危险性的锅炉、压力容器（含气瓶）、压力管道、电梯、起重机械、客运索道、大型游乐设施、场（厂）内专用机动车辆，以及法律、行政法规规定适用该法的其他特种设备，是对人身和财产安全有较大危险性设备的总称。而一般设备是指符合特定标准的产品。

措施：正确区分特种设备和一般设备。特种设备包括锅炉、压力容器（含气瓶）、电梯、起重机械、客运索道、大型游乐设施及场（厂）内机动车辆等8类特种设备。法律授权国务院对特种设备采用目录管理方式，由国务院决定将哪些设备和设施纳入特种设备范围。以目录的形式明确实施监督管理的特种设备具体种类、品种范围，是为了明确各部门的责任，规范国家实施安全监督管理工作。特种设备目录按照设备危险性原则、国际惯例接轨原则以及社会共识原则确定。

（3）忌把特种设备安全技术规范和一般技术标准混淆

原因：特种设备安全技术规范是规定特种设备的安全性能和节能要求，以及相应的设计、制造、安装、修理、改造、使用管理和检验、检测方法等要求。特种设备安全技术规范由国务院负责特种设备安全监督管理的部门制定，是政府部门履行职责的依据之一，是直接指导特种设备安全工作具有强制性约束力的规范。安全技术规范作为政府规定的强制性要求，违反其规定者要承担相应的法律责任。

措施：安全技术规范是对特种设备安全技术管理的基本要求和准则。制定安全技术规范应当引入国家强制性规范和其他现实有效的技术标准，并保证其在特种设备的生产、经营、使用的全过程中强制实施。《特种设备安全法》确立了安全技术规范的法律地位，要求在特种设备的生产、经营、使用、检验、检测中应遵守安全技术规范及相关标准。安全技术规范与技术标准相辅相成、相互联系、相互协调。

特种设备安全技术规范是特种设备法规标准体系的组成部分之一。

（4）忌将"特种作业操作证"和"特种设备作业人员证"混淆使用

原因：人们习惯把"特种作业操作证"和"特种设备安全管理和作业人员证"笼统称为"特种作业操作证"，致使人们在使用中不能够清晰地辨别、使用，产生混淆。

措施：正确区分"特种作业操作证"和"特种设备安全管理和作业人员证"的颁发部门和适用范围。

"特种作业操作证"中关键词是"特种作业"；特种作业是指容易发生事故，对操作者本人、他人的安全健康及设备、设施的安全可能造成重大危害的作业；特种作业人员所持证件为"特种作业操作证"，由国家应急管理部门颁发，样式如图 1-1 所示。

图 1-1　特种作业操作证

"特种设备安全管理和作业人员证"中关键词是"特种设备"；"特种设备"是指涉及生命安全、危险性较大的锅炉、压力容器（含气瓶）、压力管道、电梯、起重机械、客运索道、大型游乐设施及场（厂）内专用机动车辆等；从事特种设备安全管理和作业的人员所持证件为"特种设备安全管理和作业人员证"，由国家特种设备安全监督管理部门颁发，样式如图 1-2 所示。

图 1-2　特种设备作业人员证

（5）忌将《特种设备目录》中设备适用范围混淆

原因：《特种设备安全法》所称的特种设备，是指涉及生命安全、危险性较大的锅炉、压力容器（含气瓶）、压力管道、电梯、起重机械、客运索道、大型游乐设施、场（厂）内专用机动车辆，以及法律、行政法规规定使用该法的其他特种设备。《特种设备安全法》

《特种设备目录》确定了其适用范围和参数范围。

措施：《特种设备安全法》规定，国家对特种设备实行目录管理。特种设备的生产（含设计、制造、安装、改造、维修）、使用、检验检测及其监督检查，应当遵守该法。

军事装备、核设施、航空航天器、铁路机车、海上设施和船舶，以及矿山井下使用的特种设备、民用机场专用设备的安全不适用该法。

《特种设备目录》对特种设备的种类有明确的定义，均包括特定的参数范围，如：压力容器，是指盛装气体或者液体，承载一定压力的密闭设备，其范围规定为最高工作压力≥0.1MPa（表压）的气体、液化气体和最高工作温度高于或者等于标准沸点的液体、容积≥30L且内径（非圆形截面指截面内边界最大几何尺寸）≥150mm的固定式容器和移动式容器；盛装公称工作压力≥0.2MPa（表压），且压力与容积的乘积≥1.0MPa·L的气体、液化气体和标准沸点≤60℃液体的气瓶；氧舱。

（6）忌将特种设备安全监督管理和监督检验混淆

原因：特种设备安全监督管理和监督检验是在特种设备设计、制造、安装、改造、维修及使用环节中常见的术语，但二者实施的主体不同，工作性质和内容不同，若不能正确区分，易产生混淆。

措施：正确认识特种设备安全监督管理和监督检验的实施主体、工作性质和内容。特种设备安全监督管理的实施主体是特种设备安全监督管理部门，是行政机关，具有行政执法权，是为实现特种设备安全目的而设立的从事决策、组织、管理和监督检查等活动的部门；监督检验的实施主体是国务院特种设备安全监督管理部门核准的检验机构，是行政支持类的技术机构，无行政执法权，是在行政机关的授权下，从事特种设备的监督检验等法定工作的技术组织或机构，其工作受特种设备安全监督管理部门的监督。监督检验具有法定性、强制性。

1.2　焊接术语

（1）忌将术语"电弧焊"和"焊条电弧焊"等混淆

原因：GB/T 3375—1994《焊接术语》定义"电弧焊"是指利用电弧作为热源的熔焊方法，简称弧焊，是常用"焊条电弧焊""熔化极气体保护焊""埋弧焊""钨极氩弧焊"等多种焊接方法的统称。有些情况下，将"电弧焊"作为"焊条电弧焊"的简称是不正确的。会给文件描述、语言交流造成很多混乱。

措施：GB/T 3375—1994《焊接术语》对常用焊接术语进行规定，部分国家标准、行业标准也对特定环境的术语进行了解释和规定。在日常焊接术语使用过程中，要特别注意通用焊接术语的标准化使用。特殊环境使用的焊接术语，要查阅相关标准，并结合实际进行术语解释和应用。

（2）忌将术语"根焊"不分环境地应用

原因：术语"根焊"为常用口语，未列入标准术语，一般作为打底焊、封底焊的同义词使用，但又有所区别。在 GB/T 31032—2014《钢质管道焊接及验收》中术语解释为：根焊为管与管、管与管件或管件之间焊接时的第一层焊道，要求单面焊双面成形，在这两个标准中"根焊"是指"封底焊"。但在 GB/T 3375—1994《焊接术语》、TSG Z6002—2010《特种设备焊接操作人员考核细则》及其他相关材料和试验规范中，没有术语"根焊"定义解释，因此给该术语的应用造成困惑。

根据第 2 版《焊接词典》的定义，打底焊为在厚板单面坡口对接焊时，为防止角变形或防止发生烧穿现象，而先在接头坡口根部所进行的一条打底焊道的焊接。

封底焊为在单面坡口对接焊中，先焊完正面坡口焊缝，再进行的一条封底焊道的焊接。

措施：根焊、打底焊、封底焊指向区域不同，概念有所区别，在术语使用过程中应加以甄别。特别地，焊接术语的应用和推广，首先要依据相关国家、国际标准。特定环境下的术语解释和使用，也要结合标准和特定工况，避免术语随意化、口语化，防止该术语在标准化、规范化文件描述和语言沟通中造成混乱。

（3）忌将术语"热焊"和"填充焊"混淆使用

原因："热焊"常用于工业长输管道施工，在 GB/T 31032—2014《钢质管道焊接及验收》中术语解释为：热焊是根焊完成后，立即进行的第二层焊道的焊接，该标准中"热焊"是指填充焊的一种。

在 GB/T 3375—1994《焊接术语》、TSG Z6002—2010《特种设备焊接操作人员考核细则》及其他相关的材料和试验规范中，没有"热焊"术语定义解释。使用时容易出现和填充焊混淆不清，给文件描述和语言沟通造成不便。

措施：特定环境下的术语解释和使用，应避免口语化。焊接术语的解释和应用，要依据相关国家、国际标准等。

（4）忌将术语"半自动焊"和"自动焊"混淆使用

原因：术语"半自动焊"常用于工业长输管道施工，在 GB/T 31032—2014《钢质管道焊接及验收》中术语解释为：控制填充材料送进速度的设备进行的电弧焊，焊炬的移动由手动控制。

在 SY/T 4103—2016《钢质管道焊接及验收》中术语解释为：半自动电弧焊接设备只控制填充金属的自动给进，焊接速度由人工控制。

在 GB/T 3375—1994《焊接术语》、TSG Z6002—2010《特种设备焊接操作人员考核细则》中，"半自动焊"理解为手工焊接的一种形式，是熔化极焊接的一种。SH/T 3558—2016《石油化工工程焊接通用规范》定义为药芯焊丝自保护电弧焊（FCAW-S）。

在自动焊接过程中，焊丝的送进和焊枪的运动均为自动进行，不依赖人工。因此，半自动焊和自动焊主要区别在焊枪运动方式上。

措施：焊接术语的应用，要依据相关国家、国际标准，特定环境下的术语使用也要结合标准，不能口语化，防止给术语在文件和沟通中的应用造成混乱。

（5）忌将熔化系数、熔敷系数和熔敷效率概念混淆

原因：熔化系数是熔焊过程中，在单位电流、单位时间内焊芯（或焊丝）的熔化量，单位为 g/（A·h），说明了焊接填充材料熔化的快慢。

熔敷系数是熔焊过程中，在单位电流、单位时间内焊芯（或焊丝）熔敷在焊件上的金属量，单位也是 g/（A·h），标志着焊接过程的生产效率。

熔敷效率：熔敷金属量与熔化的填充金属（通常指焊芯、焊丝）量的百分比。

措施：熔化系数、熔敷系数和熔敷效率概念并不相同，需根据不同的场合，使用正确的术语。

（6）忌将焊缝、焊道、焊接接头混淆

原因：在 GB/T 3375—1994《焊接术语》中：

术语"焊缝"是焊件焊接后所形成的结合部分。

术语"焊道"是指每一道熔敷所形成的一条单道焊缝。

焊接接头：用焊接方法连接的接头（简称接头），接头包括焊缝、熔合区和热影响区。

措施：焊缝、焊道、焊接接头概念不同，所指向的区域也不同，不能混为一谈，在术语使用过程中也要加以区别。相关术语解释可参照 GB/T 3375—1994《焊接术语》及其他标准的术语解释。

1.3 法律法规、标准规范

（1）忌未取得"特种设备作业人员证"从事相应的焊接工作

原因：《中华人民共和国特种设备安全法》第十四条规定：特种设备安全管理人员、检测人员和作业人员应当按照国家有关规定取得相应资格，方可从事相关工作。焊接作业人员应当按照《特种设备焊接操作人员考核细则》的要求，取得"特种设备安全管理和作业人员证"，方可从事特种设备相应焊接工作，相应焊接工作包括以下 3 方面。

1）承压设备的受压元件焊缝、与受压元件相焊的焊缝、受压元件母材堆焊表面。

2）机电类设备的主要受力结构（部）件焊缝，与主要受力结构（部）件相焊的焊缝。

3）熔入前两项焊缝的定位焊缝。

在特种设备制造过程中，焊接是非常重要的一项工艺，很大程度上决定了产品质量。对焊工实行考试资格认证制度，能有效地保证焊工的焊接技能操作水平，保证特种设备产品的焊接质量与本质安全。

措施：从事特种设备焊接作业的焊工应按照《特种设备焊接操作人员考核细则》考核合格，取得"特种设备安全管理和作业人员证"，再从事合格项目范围内的特种设备焊接作业。

（2）忌将 GB 150—2011《压力容器》容器界定范围中的非受压元件与受压元件的连接焊缝视为非受压元件与受压元件的焊接接头

原因：焊接接头是指两个或两个以上元件用焊接方法连接的接头（包括焊缝、熔合区和热影响区），这样就包括了非受压元件部分，这点主要是针对在容器制造过程中保证焊对其所影响到的金属性能范围所制定的。

不是所有与设备连接的焊缝都是受压焊缝。压力容器上非受压焊缝较多，裙座、鞍座等焊缝都是非受压焊缝，还有加强圈、补强板、爬梯扶手，以及内支撑件大部分也为非受压焊缝。

措施：根据 GB 150—2011《压力容器》中提出的以上内容是容器的界定范围，该范围到非受压元件与受压元件的连接焊缝为止，此焊缝位置是受压元件与非受压元件范围的分界线，应当按压力容器焊接接头严格管理。

（3）忌将容器的设计压力视为最高允许工作压力

原因：最高允许工作压力是在指定的相应温度下，容器顶部所允许承受的最大压力。该压力是根据容器各受压元件的有效厚度，考虑了该元件承受的所有载荷而计算得到的，且取最小值。法规、标准有要求时，以及设计者认为有必要时，在图样上会给出最高允许工作压力。最高允许工作压力是充分考虑了受压元件有效厚度与设计厚度的差值，因此最高允许工作压力在数值上大于或等于容器的设计压力。

措施：只有当压力容器的设计文件没有给出最高允许工作压力时，才可以认为该容器的设计压力即是最高允许工作压力。

（4）忌将不满足 NB/T 47018—2017《承压设备用焊接材料订货技术条件》的焊接材料用于承压设备焊接

原因：承压设备相关标准中要求承压设备焊接必须使用满足 NB/T 47018—2017《承压设备用焊接材料订货技术条件》的焊接材料。

措施：在承压设备焊接工作中，必须使用满足 NB/T 47018—2017《承压设备用焊接材料订货技术条件》的焊接材料。

（5）采用奥氏体不锈钢焊接钢管作换热管时，忌将 GB/T 24593—2018《锅炉和热交换器用奥氏体不锈钢焊接钢管》标准以外的不锈钢焊接钢管用于换热管

原因：GB 150.2—2011《压力容器　第 2 部分：材料》明确规定"GB/T 12771—2019 中的钢管不得用于换热管"，由于 GB/T 12771—2019《流体输送用不锈钢焊接钢管》、GB/T 14976—2012《流体输送用不锈钢无缝钢管》与 GB/T 8163—2018《输送流体用无缝钢管》标准一样，钢管的外径允许偏差和壁厚允许偏差较大，因此均不符合换热管的要求。

措施：采用奥氏体不锈钢焊接钢管作换热管时只能采用符合 GB/T 24593—2018《锅炉和热交换器用奥氏体不锈钢焊接钢管》要求的不锈钢管。

（6）忌将 S30408 和 06Cr19Ni10 两种写法同时出现在同一个文件上

原因：S30408 不锈钢是国内承压设备用不锈钢的数字代号。编号中各数字的具体含义：

1）S×××××，S 表示 AISI 与 SAE 不锈钢及耐热钢。

2）前三个 ××× 表示不锈钢类型。

3）第一个 × 表示：1 为沉淀硬化不锈钢，2 为 Cr-Mn-Ni-N 奥氏体不锈钢，3 为 Cr-Ni 奥氏体不锈钢，4 为高 Cr 马氏体不锈钢和低碳高 Cr 铁素体不锈钢，5 为低碳马氏体不锈钢。

4）第二、三个××表示该类型钢的分类序号。

5）第四、五个××表示材料顺序号（区分个别成分差别，00 为无差别）。

06Cr19Ni10 是钢材牌号。两者均符合 GB/T 12771—2019 和 GB/T 8163—2018 标准的要求。

措施：两种写法不能同时出现在一个图样上，企业应予以规定，否则会造成材料使用混乱。

（7）忌将不锈钢复合板的未结合率做粗略检测和大致估算

原因：GB 150.2—2011 明确规定：各种复合板的未结合率不应 >5%，要检测和计算复合板的未结合率，首先要知道何为复合板的未结合率。根据 NB/T 47002.1—2019《压力容器用复合板 第1部分：不锈钢-钢复合板》，复合板的未结合率的定义为：复合面积中未结合区的面积总和与复合板总面积的比值，以百分数表示。

措施：复合板的结合状态用超声波检测，采用 100% 扫查方式。最后将其复合界面未结合区的面积总和除以复合板总面积再乘以 100%，结果应 ≤5%。如果超过 5%，则该复合板材不得应用于承压设备。

（8）忌将 Q355B 钢板直接代替 Q345R 钢板用于压力容器制造

原因：钢材 Q345R 和 Q355B 有一定的共性，都是普通碳素结构钢材料，屈服强度均为 345MPa，只不过 Q345R 的化学成分略有变化，以适应焊接性的要求。Q345R 中 R 是容器汉语拼音的首字母，是专业用钢，专门适用于制造容器的钢材；而 Q355B 是适应性更广的结构钢材料。

措施：两种材料既有共性也有不同，如果将 Q355B 钢板代替 Q345R 钢板用于压力容器制造，必须满足以下条件。

1）钢板材质证明书中 w_P≤0.025%、w_S≤0.010%。

2）钢板冲击和冷弯试验的合格标准应符合 GB/T 700—2006 的有关规定。

3）容器设计压力 <1.6MPa。

4）钢板使用温度为 -20~350℃，并经 -20℃ 冲击试验后合格。

5）用于容器壳体的钢板厚度 ≤16mm，用于其他受压元件的钢板厚度 ≤30mm。

6）不得用于毒性程度为极度或高度危害的介质。

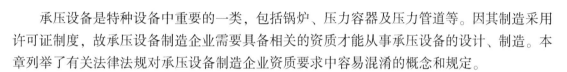

第2章

承压设备制造企业资质

承压设备是特种设备中重要的一类，包括锅炉、压力容器及压力管道等。因其制造采用许可证制度，故承压设备制造企业需要具备相关的资质才能从事承压设备的设计、制造。本章列举了有关法律法规对承压设备制造企业资质要求中容易混淆的概念和规定。

（1）忌将特种设备生产许可中的鉴定评审类型混淆

原因： 按照许可类型鉴定评审工作可分为取证评审、换证评审和增项、升级评审三种。

企业首次申请资质取证评审及资质证书有效期届满前的换证评审，应满足各自评审中的具体要求。

首次取证评审在评审中需要申请单位提供受检产品。受检产品必须满足对于质量保证体系各控制系统运转质量和质量保证体系各责任人员的工作质量考核评价的需要。受检产品由申请单位与评审机构协商确定。

换证评审通过对申请单位特种设备生产资质许可证有效期内生产的产品档案进行抽查，结合对于生产现场执行工艺纪律情况检查，对申请单位在整个生产周期内的生产产品质量控制水平进行综合评价。抽查的产品档案应在整个生产许可证有效期内均匀分布，能够覆盖尽可能多的产品种类，能够考察尽可能多的质量保证控制系统运转质量和质量控制责任人员工作质量。

增项、升级类评审除满足原有的条件外，还应该满足增项、升级类的评审要求，在原有条件的基础上完善质量保证体系，提升资源条件，增加受检产品。

措施： 特种设备生产资质评审的取证评审、换证评审和增项、升级评审三种要求不同，不能混淆。

（2）忌质量保证体系中的两个相互监督和制约的责任人相互兼职

原因： TSG 07—2019《特种设备生产和充装单位许可规则》规定，质量控制系统责任人员最多只能兼任两个管理职责不相关的质量控制系统责任人。理论上，不排除同一人有多个专业方面的知识和管理能力，但在同一体系里，如果一人身兼数职，就不存在二次确认的意义。质量保证工程师要确认其他（如材料、焊接、理化、热处理、水压及无损检测等）工作，其中各自之间也有利害关系，如果一人兼数职，则失去的不是特种设备制造或安装质量保证体系的意义，更重要的是违反了质量体系的基本法则。

措施：质量保证工程师不能兼职体系责任人，焊接责任人不能兼职检验责任人，无损检测责任人和检验责任人一般不能兼职其他责任人，材料责任人不能兼职理化责任人等。质量保证体系人员任职要求见表2-1。

（3）忌压力容器生产制造单位未按照要求配备相应的焊接技术人员与焊接操作人员

原因：压力容器制造许可条件规定，金属压力容器焊接质量控制系统责任人员，具有金属压力容器焊接相关工作经历，应当具有焊接或者焊接相关专业（材料、机械类专业）教育背景。

措施：TSG 07—2019《特种设备生产和充装单位许可规则》要求特种设备生产和充装单位应当按规范要求，配备相应的焊接技术人员。焊接技术人员与持证焊工要求见表2-2。

表2-1　质量保证体系人员任职要求

质量保证体系人员	A1、A6	A2、A3、C1、C2	A5、C3	A4、D
焊接质量控制系统责任人员	本科且高级工程师	本科且工程师	工程师	助理工程师

表2-2　焊接技术人员与持证焊工要求　　　　　　　（人）

许可级别	焊接相关专业	持证焊工
A1	3	10
A2、A3	2	10
C1、C2	3	10
C3	3	4
A4	1	—
A5	1	4
A6	—	—
D	1	6

（4）忌压力容器制造企业资源条件不能满足相应的要求

原因：压力容器制作企业在日常生产运行中，资源条件，特别是体系人员、技术力量等存在不足，如：

1）质量保证体系责任人对焊接和无损检测技术要求等法规、标准不熟悉，理解不到位。

2）缺乏熟悉材料、焊接和无损检测的专业技术人员，技术力量薄弱。

3）在质量保证体系人员中存在着兼职过多或兼职不合理现象。技术人员比例、质量保证体系责任人员和无损检测人员的数量和项目不能持续符合许可条件的要求。

4）焊接设备、焊接工艺评定试验、热处理设备难以满足生产和测试要求等。

措施：压力容器制造企业在资源条件方面必须要满足相应的要求，如球罐制造企业的专项条件包括以下几方面。

人员：同时具有板材对接焊缝平、立、横、仰位置焊接合格项目的焊工不少于8人；同时具有管板角焊缝立、横、仰位置焊接合格项目的焊工不少于2人。

生产设备与工艺装备：

1）有满足现场组焊所需要的焊机房，保证温度和湿度的焊材库房，以及焊材烘干和保温设备。

2）有保证施焊条件的措施和设施。

3）从事球罐现场整体热处理的单位，还应当有整体热处理的能力和相应的工装设备。

检测仪器与试验装置：

1）有现场射线检测作业所需要的安全防护及警戒设施和措施，处理底片的暗室设施。

2）有满足储罐几何尺寸、柱腿垂直度、基础充水沉降等项目的检测器具和手段。

（5）忌压力容器制造企业质量保证体系建立不完善

原因：

1）单位未能按规定及时修订质量保证体系文件。

2）"管理职责"要素中，缺少压力容器质量保证体系图，缺总工程师职责等。

3）质量控制系统中相关质量活动未落实到相关职能部门领导职责，未规定法定代表人对特种设备安全质量责任。

4）各质量控制系统之间的工作界面、接口未规定或规定不明确。

5）质量保证体系文件要素中没有对质量计划做出规定。

6）"工艺控制"要素中，未对工艺纪律检查做出规定。

7）"焊接控制"要素中，未对焊缝返修次数和焊缝返修工艺审批、焊缝返修（母材缺陷补焊）后重新进行检测等做出规定。

8）焊接工艺指导书和焊接工艺评定报告中没有规定焊接速度和热输入等。

措施：根据压力容器制造相关的法律法规、标准规范，建立健全压力容器制造企业质量保证体系。

（6）忌压力容器制造企业质量保证体系实施不到位

原因：

1）在钢材库中，有的钢板余料未按规定对入库编号标识进行标记移植。

2）各道工序中的施工人员、检验人员未按规定在每道工序卡上签字确认，并填写日期。

3）对焊接工艺评定试样，未按规定采取有效防锈措施进行防锈处理并规范保管。

4）焊接工艺评定试件不合格（如，冲击试样不规范、弯曲试样裂纹大于标准要求等）、不规范（如，弯曲试样弯曲角度回弹较大、焊缝偏离中心等），而焊接工艺评定报告仍然合格。

5）不按照质量体系文件的规定进行作业，工艺纪律执行差，如射线底片标记不全。

6）在用的计量器具未按规定进行计量标记。

措施：压力容器制造企业质量保证体系必须按照有关法律法规、标准规范实施到位。

第3章

特种设备焊接人员

特种设备焊接人员包括焊接技术人员、焊接施工操作人员以及焊后热处理、无损检测、资料管理人员等，其中焊接施工操作人员必须经过培训考核合格取得"特种设备作业人员证"，持证上岗。本章针对特种设备焊接相关的技术人员、焊工等不同岗位人员职责进行了说明，明确了不同岗位的职责和要求。

3.1 焊接技术人员

(1) 忌不明确焊接技术人员要求和职责

原因：由于各种原因未明确对焊接技术人员的要求和职责，导致无法做好本职工作。

措施：应当清楚了解焊接技术人员任职要求和职责。如 GB 50236—2011《现场设备、工业管道焊接工程施工规范》中规定，焊接技术人员应由中专及以上专业学历，并有 1 年以上焊接生产实践的人员担任。焊接技术人员应负责焊接工艺评定，编制焊接工艺规程和焊接作业指导书，进行焊接技术和安全交底，指导焊接作业，参与焊接质量管理，处理焊接技术问题，以及整理焊接技术资料等。

(2) 忌特种设备生产单位未按要求对焊工建立档案

原因：部分特种设备生产单位未对焊工建立档案，或建立的焊工档案过于简单、流于形式，不利于对焊工的管理和提高焊工技能水平，不能及时掌握并分析焊工情况，导致所生产设备的焊接质量或施工中的焊接质量稳定性得不到保证。

措施：特种设备生产单位必须按照相关标准、规定，建立本单位焊工工作业绩档案。TSG Z6002—2010《特种设备焊接操作人员考核细则》要求，用人单位应结合本单位的情况，制定焊工管理办法，建立焊工焊接档案。焊工档案应包括焊工工作业绩、焊缝质量汇总结果、焊接质量事故等内容。同时，TSG 07—2019《特种设备生产和充装单位许可规则》中对特种设备生产单位质量保证体系的要求中，也明确提出针对焊接人员的管理，包括焊接人员培训、资格考核，以及持证焊接人员的合格项目、持证焊接人员的标识、焊接人员的档案及其考核记录等。

（3）忌特种设备生产单位焊工不按焊接工艺规程施焊

原因： 虽然持证焊工操作技能得到发证机关的认可，但在日常的生产过程中不事先对具体产品的焊接工艺要求进行了解，不按焊接工艺规程施焊，仅凭自己的操作经验来焊接产品，接头组织性能与按焊接工艺规程施焊获得的接头存在不一致性，成为产品在服役状况下发生事故的重大隐患。比如湿硫化氢应力腐蚀环境，按照 SH/T 3193—2017《石油化工湿硫化氢环境设备设计导则》的规定，当设备主体材料的 CE >0.40%，或者 w_{Nb+V} >0.01% 时，焊接时应对母材进行预热，且预热温度不低于 100℃；若母材为 12mm 厚的 Q345R 钢，按常规产品来说是不需要预热的，但特殊使用环境就应按规定对其进行预热后再焊接。

若焊工不按焊接工艺规程施焊，认为 Q345R 钢焊接性好，不进行预热就对设备焊接，则将造成严重质量隐患。

措施： 特种设备服役时所受的温度、载荷、介质等工况是各种各样的，为了保证特种设备产品质量，焊接技术人员应根据工况、母材、焊材等情况，制定不同的焊接工艺规程或焊接作业指导书。焊接工艺规程或焊接作业指导书是经过焊接工艺评定验证的，能保证所焊接的接头使用性能满足要求，因此焊工在焊接施工过程中，必须严格按既定的焊接工艺规程施焊。

3.2　焊工

（1）忌不明确焊工要求和职责

原因： 由于各种原因，单位不明确焊工的要求和职责，导致焊工无法做好本职工作。

措施： 单位应对焊工进行上岗前的培训和准入考试，使焊工清楚了解个人工作要求和职责。如 GB 50236—2011《现场设备、工业管道焊接工程施工规范》中规定，焊工应持有相应项目的"特种设备安全管理和作业人员证"，且具备相应的能力。焊工应按规定的焊接工艺规程和焊接作业指导书进行施焊，当工况条件不符合焊接工艺规程和焊接作业指导书的要求时，主管技术人员应该禁止施焊，焊工也应该拒绝施焊。

（2）忌焊接施工中无证或超范围焊接

原因：《特种设备安全法》第十四条规定：特种设备安全管理人员、检测人员和作业人员应当按照国家有关规定取得相应资格，方可从事相关工作。

《特种设备安全监察条例》第三十八条规定：锅炉、压力容器、电梯、起重机械、客运索道、大型游乐设施、场（厂）内专用机动车辆的作业人员及其相关管理人员（以下统称"特种设备作业人员"），应当按照国家有关规定经特种设备安全监督管理部门考核合格，取得国家统一格式的特种作业人员证书，方可从事相应的作业或者管理工作。

GB 50236—2011《现场设备、工业管道焊接工程施工规范》规定，焊工应持有相应项目的"特种设备安全管理和作业人员证"，且具备相应的能力。

TSG Z6002—2010《特种设备焊接操作人员考核细则》中对焊工考试项目适用范围进行

了规定。

措施：从事特种设备焊接作业的焊工应按照 TSG Z6002—2010《特种设备焊接操作人员考核细则》考核合格，取得"特种设备安全管理和作业人员证"，明确自己持证的合格项目及适用的焊件范围，再从事合格项目适用范围内的特种设备焊接作业。

(3) 忌不执行工艺纪律、不按焊接工艺规程施焊

原因：焊接工艺规程是依据合格的焊接工艺评定编制的，不执行工艺纪律，不按焊接工艺规程施焊，极易出现焊接缺陷或接头不满足使用要求，不仅影响产品质量，还容易造成安全隐患，这在焊接施工过程中是不允许的行为。

措施：加强工艺纪律教育和检查，确保焊工在焊接过程中，严格执行工艺纪律，按焊接工艺规程施焊。

3.3　焊接检查人员

(1) 忌不明确焊接检查人员的要求和职责

原因：由于各种原因，单位不明确焊接检查人员的要求和职责，导致其无法做好本职工作。

措施：通过岗前培训使焊接检查人员清楚了解岗位要求和工作职责。GB 50236—2011《现场设备、工业管道焊接工程施工规范》中规定，焊接检查人员应由相当于中专及以上焊接理论知识水平，并有一定的焊接经验的人员担任。焊接检查人员应对现场焊接作业进行全面检查和控制，负责确定焊缝检测部位、评定焊接质量、签发检查文件及参与焊接作业指导书的审定。

(2) 忌不明确焊接质量检查依据的标准规范要求

原因：每种产品都是依据相应的标准规范生产的，不同的产品标准对焊接质量的要求不完全相同。不明确不同的产品标准对焊接质量的要求，就不能正确管控产品焊接质量，从而容易造成安全隐患。

措施：根据不同的产品，明确产品生产所依据的标准规范，掌握其中焊接质量要求，对产品的焊接质量检测做到有的放矢。

(3) 忌混淆焊前检查、焊接过程中检查、焊后检查项目

原因：焊接质量检查包括焊前检查、焊接过程中检查、焊后检查，其检查项目各不相同，若不掌握了解各部分检查的要求和重点，就无法有效地开展工作。

措施：学习掌握焊前检查、焊接过程中检查、焊后检查项目内容，确保焊接质量检查工作有效开展。

1）焊前检查包括：①母材、焊接材料。②焊接设备、仪表、工艺装备。③焊接坡口、接头装配及清理。④焊工资质。⑤焊接工艺文件。⑥预热。

2）焊接过程中检查包括：①焊接参数。②焊接工艺执行情况。③技术标准执行情况。④设计文件规定执行情况。

3）焊后检查包括：①实际施焊记录。②焊工钢印代号。③焊缝外观及尺寸。④后热、焊后热处理。⑤产品焊接试件。⑥无损检测。

（4）忌焊接质量检查内容不明确

原因：质量检查人员在现场检查过程中应当对主要工序做专门检查，避免在管理环节因检查不到位而产生焊接缺陷。

措施：如某现场焊接质量检查文件要求具体工序如下：

第一步：施焊前正确执行焊接工艺规范，准确做好施工记录。

第二步：焊件的组对，若焊件组对不合格，则焊接人员可以拒绝施焊，必须重新组对直至合格。

第三步：点焊工序，严禁强力组对点焊，非正常情况下组对焊接人员不得点焊。

第四步：检查焊接人员施焊过程中的焊接参数是否符合工艺指导书要求。

第五步：施焊完成后焊接人员进行自检、互检，在此基础上质量检查人员进行专检，如有问题进行返修，若无问题可提交监理验收。

（5）忌不合格接头及焊接质量事故处置不规范

原因：为了避免焊接过程中出现不合格接头或者出现质量事故，需要严格按规定施焊。但若出现了不合格接头或质量问题，则需要针对出现的问题或事故采取必要措施，防止出现更大事故和次生灾害。

措施：如某施工现场对不合格接头、焊接质量事故处理要求如下：

1）外观不合格的接头。对外观不合格的焊缝应做出明显标记，标明不合格原因、位置，由施焊焊工进行修磨或补焊，外观不合格的接头不得进行无损检测。

2）无损检测不合格的接头。由具有资格的检验人员出具"返修通知单"，由施焊焊工按相同的焊接工艺采用挖补方式补焊，同一位置上的返修次数不得多于 3 次（耐热钢材不多于 2 次），若超出返修次数限制，则必须经过专业技术负责人审批方可补焊。

3）不合格接头的特殊处理。在施工中遇到特殊部位、特殊结构、特殊材质及返修后仍难保证质量的接头，焊接人员在施焊前经安全技术交底，施焊过程中要留好影像资料。

4）事故处理原则。在焊接过程中出现事故时，应先果断采取措施，防止不必要损失扩大；同时焊接质量检查人员报本（项目）单位负责人；事后认真分析总结，以便不断完善现场工作内容，提高焊接工作效率。

3.4 无损检测人员

（1）忌不明确无损检测人员要求和职责

原因：不明确无损检测人员工作要求和岗位职责，就无法使其做好本职工作。

措施：通过岗前培训，使无损检测人员清楚了解工作要求和岗位职责。GB 50236—2011《现场设备、工业管道焊接工程施工规范》中规定，无损检测人员应由国家授权的专业考核机构考核合格的人员担任，并应按考核合格项目及权限从事检测和审核工作。无损检测人员应根据焊接质检人员确定的受检部位进行检测、评定焊缝质量、签发检测报告，当焊缝外观不符合检测要求时应拒绝检测。

（2）忌无证或超范围检测

原因：《特种设备安全法》第十四条规定：特种设备安全管理人员、检测人员和作业人员应当按照国家有关规定取得相应资格，方可从事相关工作。

《特种设备安全监察条例》第四十四条规定：从事本条例规定的监督检验、定期检验、型式试验和无损检测的特种设备检验检测人员，应当经国务院特种设备安全监督管理部门组织考核合格，取得检验人员证书，方可从事检测工作。

TSG Z8001—2019《特种设备无损检测人员考核规则》第二条规定：无损检测人员应当按照本规则的要求，取得相应的"特种设备检验检测人员证（无损检测人员）"（以下简称"检测人员证"），方可从事相应的无损检测工作。

措施：从事特种设备无损检测的人员应按照TSG Z8001—2019《特种设备无损检测人员考核规则》考核合格，取得"检测人员证"，明确自己持证的合格项目，再从事合格项目范围内的特种设备无损检测工作。

3.5　焊接热处理人员

（1）忌不明确焊接热处理人员的要求和职责

原因：不明确焊接热处理人员的工作要求和岗位职责，就无法使其做好本职工作。

措施：通过岗前培训，使焊接热处理人员清楚了解工作要求和岗位职责。GB 50236—2011《现场设备、工业管道焊接工程施工规范》中规定，焊接热处理人员应经专业培训。焊接热处理人员应按标准规范、热处理作业指导书及设计文件中的有关规定，进行焊缝热处理工作。

（2）忌不严格执行热处理工艺制度

原因：热处理工艺中的加热温度、保温时间、加热速度和冷却速度是主要的工艺参数，不严格按热处理工艺规范执行，不仅会影响热处理效果，严重的还会产生裂纹等缺陷，进而影响接头性能和产品质量。

措施：加强焊接热处理工艺纪律教育和检查，确保焊接热处理作业符合热处理工艺规程要求。

3.6　焊接材料管理人员

（1）忌不明确焊接材料管理人员的要求和职责

原因：不明确焊接材料管理人员工作要求和岗位职责，就无法使其做好本职工作。

措施：通过岗前培训，使焊接材料管理人员清楚了解工作要求和岗位职责。GB 50236—2011《现场设备、工业管道焊接工程施工规范》中规定，焊接材料管理人员应具备相关焊接材料的基本知识，并应负责焊接材料的入库验收、保管、烘干、发放及回收等工作。

（2）忌焊条不按规定烘干就发放使用

原因：焊条在制造、运输、保管及储存期间会因吸潮而使工艺性能变差，造成电弧不稳、飞溅增多，并容易产生气孔、裂纹等缺陷，因此焊条使用前必须进行烘干。

措施：烘干焊条时要注意以下几点。

1）焊条的烘焙温度和时间应按说明书的规定进行。一般酸性焊条的烘焙温度为 150 ～250℃，烘干时间为 1h；碱性焊条必须在 300 ～ 400℃ 烘焙 1 ～2h。烘干后最好放在 100 ～150℃ 的保温箱内，随用随取。

2）烘干焊条要避免把冷焊条突然放进高温箱内，也不要从高温箱中突然取出。要缓慢加热或冷却，以防止药皮因骤热或骤冷而产生开裂、脱落等现象。

3）当天没有用完的焊条，应放到干燥箱内保存，否则要重新烘干才能使用，尤其是碱性焊条。

4）焊条不能多次反复烘焙，否则容易变质失效。原则上累计烘干次数不宜超过 3 次。烘干的焊条应存入干燥箱备用。

（3）忌焊材库存放条件不符合要求

原因：焊材库存放条件不符合要求，就不能保证焊接材料的性能，进而影响焊接质量和产品质量。

措施：执行 JB/T 3223—2017《焊接材料质量管理规程》中 6.2 条规定：焊接材料的储存库应保持适宜的温度及湿度，一般室内温度不低于5℃，相对湿度不大于60%。室内应保持清洁，不得存放有害介质，以保证不损害焊接材料的性能。对于因吸潮而可能导致失效及有特殊要求的焊接材料，应采取必要的存放措施，如设置货架，采用防潮剂、去湿器，以及设置恒温恒湿室等。

第4章

焊接安全

依规遵章进行焊接施工是保证工程进度以及施工人员人身安全的重要保障。焊接过程中存在强电、弧光、高温金属飞溅和烟尘等危害人身安全以及诱发安全事故的因素，因此不同行业对焊接施工安全操作做出了严格规定。本章主要总结了特种设备焊接施工操作过程中因操作不当诱发火灾、爆炸等安全问题，以及可能伤及人身的用电安全、烟尘和弧光防护等容易忽视的问题。

4.1 焊接用电安全

（1）忌焊接人员无绝缘、无防护措施，在潮湿环境进行焊接施工作业

原因：焊接作业人员在潮湿环境施焊时，存在人员触电等风险，如图4-1所示。

图4-1 在无防护措施的水洼地施工

措施：焊接作业人员在潮湿环境施焊时，应按要求穿戴好劳动防护用品，站在干燥的绝缘板或者胶垫上进行焊接操作。

（2）忌焊接施工时，焊接电源二次回路线绝缘套防护不到位

原因：由于焊接电源一次回路电压高，危险性大，所以人们高度注意防护，而往往忽略了对二次回路的绝缘防护。由于焊接回路的电压较高、焊接电流大，如果绝缘套或绝缘胶皮损坏裸露，则存在人员触电、火灾风险（见图 4-2）。

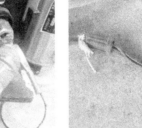

a) 焊机端子接线不牢固　　　　　　　　b) 电缆线连接裸露

图 4-2　焊接电源二次回路线绝缘防护不到位

措施：焊接电源二次回路线防护胶套恢复到位，绝缘胶皮裸露处用绝缘胶布包扎好，保证铜线电缆绝缘良好。

（3）忌焊接电源带电搬移

原因：如果焊接电源在未切断电源的情况下进行搬移，则存在人员触电、火灾以及设备烧损等风险（见图 4-3）。

图 4-3　焊接电源带电移动

措施：搬移焊接电源时，首先应由持证电工切断电源，并对电源端导线作绝缘保护处理。

（4）忌一个开关控制多个焊接电源

原因：未严格执行 GB 50194—2014《建设工程施工现场供用电安全规范》中有关 "一机一闸一保护" 相关规定，如果一个开关控制多个焊接电源，则会造成控制开关超负荷使用，易产生火灾、触电、损坏设备等隐患，如图 4-4 所示。

措施：根据 GB 50194—2014《建设工程施工现场供用电安全规范》规定，用电设备需执行"一机一闸一保护"规定，不得一个开关同时控制两台（条）及以上电气设备（线路）。

图 4-4　一闸多线路

（5）忌焊接电源保护接地不规范

原因：焊接电源保护接地不规范，在焊接电源绝缘损坏外壳而带电时，存在人员触电风险（见图 4-5）。

a) 接地线不应虚接　　b) 接地极禁止　　c) 接零保护地线未接　　d) 接地极长度不足
　　　　　　　　　　使用螺纹钢

图 4-5　焊接电源接地不规范

措施：焊接电源保护接地时应紧固牢靠，电阻不得大于 4Ω，垂直接地体应采取角钢、钢管或圆钢，严禁使用铝合金材料。接地线与垂直接地连接方法可采用焊接、压接或镀锌螺栓连接等方式，接地体引出线的垂直部分和接地装置焊接部位外侧 100mm 范围内应做防腐处理。

（6）忌不带绝缘手套或面部正对开启或关闭电源开关

原因：开关电源时，由于推拉不当会使电闸产生电弧火花，如果不带绝缘手套或面部不侧开时，则会对手和面部造成灼伤，同时还会产生触电危险。

措施：在开关电闸时，必须佩戴好绝缘手套，侧身、侧脸进行操作。开关过程中要一次到位，动作要果断，如图4-6所示。

a) 违规推拉电闸　　　　　　　　　b) 正确推拉电闸

图4-6　焊接施工中推拉电闸

（7）忌焊接过程中徒手更换焊条

原因：由于焊机具有较高的空载电压，所以在徒手更换焊条过程中，如果身体某部位接触工件，则人体会成为导电回路，极易产生触电事故。另外，干燥的焊条药皮容易吸收手上的汗渍，增加药皮中的水分含量，影响焊接质量。

措施：更换焊条必须佩戴干燥、无破损的绝缘手套（见图4-7）。

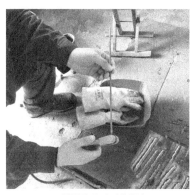

a) 错误地徒手更换焊条　　　　　　　b) 正确地更换焊条

图4-7　更换焊条方式

（8）忌私自对焊接设备电源进行拆接

原因：焊接设备电源一次回路大多数属于380V的高压电路，焊接作业人员缺乏电气安全知识，对电工的操作技能也不大熟练，因此容易出现误操作现象，导致触电、电弧灼伤和设备损坏等风险。

措施：焊接设备的安装、检修和维护应由持证电工进行，焊接作业人员不得擅自操作。

（9）忌徒手接触施救触电者

原因：人体也是导体，触电者的身体已经成为电流通路的一部分，如果直接徒手拖拽施救触电者，则救援人员将有触电危险。

措施：发现有人触电应立即切断电源，如果不能及时找到或断开电源，可以用干燥的木棍、竹竿和其他绝缘体来挑开电线（见图4-8）。

a) 切勿拖拽触电者的手和脚

b) 关断电源开关   c) 使用绝缘棒

图4-8　触电施救方式

（10）忌焊接过程中将焊机二次线缠绕在身上或踩在脚下

原因：焊工操作时，如果把焊机的二次线缠绕在身上或踩在脚下，当出现二次回路线绝缘层破损或者焊工身体出汗潮湿情况时，则焊接过程中电流就会作用于人体，接触部位轻者出现电流灼伤，重者产生触电、电击等危险。另外，电缆缠绕在身上或踩在脚下，会阻碍身体的灵活移动并容易发生绊倒，从而造成人身意外伤害（见图4-9）。

图4-9　脚踩和身缠焊接电缆违规进行焊接操作

措施：焊机的二次回路线应绝缘良好无破损，同时远离热源，不得碾压，更不得缠绕在身上。

（11）忌用伤湿膏或透明胶带等非绝缘物品包扎电缆破损处

原因：由于伤湿膏或透明胶带不具有绝缘功能，因此对破损电缆及二次回路线破损处起不到绝缘保护作用，极易造成漏电和人身触电事故。

措施：破损电缆或二次回路线破损处应用绝缘胶布或绝缘防水胶布进行包扎，必要时，更换绝缘良好的导线（见图 4-10）。

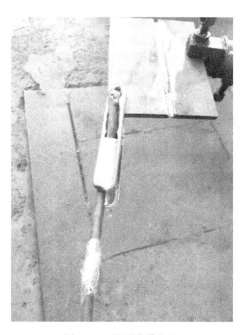

图 4-10　透明胶带包扎

4.2　焊接火灾、爆炸

（1）忌运行的发电机、焊接电源和焊割作业场所周围放置易燃易爆等杂物

原因：运行的发电机、焊接电源和焊割场所周围放置易燃易爆等杂物，会因设备运转发热、设备运转过程中产生电火花以及焊割时产生的飞溅、火花而引燃，极易造成火灾和爆炸事故（见图 4-11）。

措施：发电机、焊接电源应放置在干燥、通风良好的地方，焊接前仔细清除发电机、焊接电源周围易燃易爆物品，严禁将发电机、焊接电源与易燃易爆品和杂物混合堆放；同时，将焊割现场 10m 范围内所有易燃易爆物品清理干净。

（2）忌将金属、金属构件或易燃易爆管道等作为焊接回路的导体

原因：用钢筋、易燃易爆管道、金属构件等金属物或金属构件作为焊接回路，会因焊接回路裸露漏电而产生触电事故；同时，会由于焊接回路电阻增大或导体接触不良，产生高温导致焊接回路导体发红或产生电火花，造成火灾或爆炸事故的发生（见图 4-12）。

a) 发电机周围放置易燃杂物

b) 焊接电源周围放置易燃杂物

c) 焊割操作区有易燃物品

图 4-11　发电机、焊接电源周围放置易燃杂物

图 4-12　焊接电源二次回路线直接搭接在运行的工艺管线

措施：根据 JGJ 46—2005《施工现场临时用电安全技术规范》的要求，焊接回路导线应采用具有橡皮绝缘护套的铜芯软电缆，电缆长度一般≤30m；焊接线缆应用整根，中间一般不应有接头，如需加长，接头不应超过 2 个。

（3）忌易燃易爆场所焊接作业前，不进行可燃气体浓度检测

原因：易燃易爆场所焊接作业前，若不进行可燃气体浓度检测，一旦可燃气体浓度过高，则容易引发火灾、爆炸等危险，导致人员伤害和设备受损（见图 4-13）。

措施：易燃易爆场所焊接作业前，必须有专业人员进行可燃气体浓度检测，经专业人员确认可燃气体浓度在规定要求的范围内，确认安全并取得作业动火许可证后才能动火作业。

图 4-13 未检测可燃气体浓度进入易燃易爆场所

（4）忌盛装过易燃、易爆及有害物质的容器在焊接作业前未进行清洗或置换

原因：焊接盛装过易燃、易爆及有害物质的容器，如没有进行彻底清洗或采取置换等安全措施，会存留大量有毒及可燃气体，在焊接施工中会发生燃爆和有毒气体扩散，从而造成安全事故。

措施：盛装过易燃、易爆及有害物质的容器必须根据技术要求，进行彻底清洗或采取置换等安全措施，并进行可燃气体浓度检测合格后才能进行焊割作业。

（5）忌高空焊接、切割时，乱扔焊条头或其他物品

原因：电焊工在施焊过程中刚更换下的焊条头温度非常高，如乱扔容易引发火灾或人员烫伤，还会造成下方人员被砸伤（见图 4-14）。

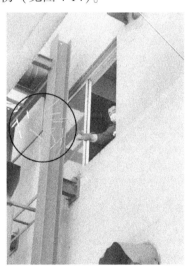

图 4-14 高空坠物

措施：更换下来的焊条头要放入焊条头回收桶妥善保管，同时应对焊接切割作业下方进行隔离，作业完毕应做到认真细致的检查，确认无火灾隐患后方可离开现场。

（6）忌撞击或在地面上滚动气瓶

原因：气瓶在运输、搬运过程中，产生撞击或在地面上滚动，极易产生静电或因瓶内气压升高而发生爆炸；同时还容易造成因瓶阀损坏飞出伤人或引起可燃气体喷出而着火（见图 4-15）。

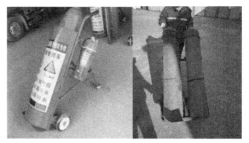

a) 严禁采用地面滚动方式移动气瓶   b) 应采用专用气瓶移动推车

图 4-15　气瓶移动方式

措施：根据 GB/T 34525—2017《气瓶搬运、装卸、储存和使用安全规定》的要求，气瓶在运输或搬运过程中应有瓶帽、防震圈等，并使用专用的移动推车，同时将气瓶固定牢靠。如果乙炔瓶和氧气瓶需放在同一小车上搬运，则必须用非燃材料隔板隔开。

（7）忌瓶阀冻结时用火烤或温度超过40℃的热水解冻

原因：气瓶瓶阀冻结时，用火烤或者是温度超过 40℃ 的热水解冻，会使瓶体内的气体因受热而发生体积膨胀，气瓶存在爆炸的危险；同时，容易对瓶阀造成腐蚀。

措施：根据 GB/T 34525—2017《气瓶搬运、装卸、储存和使用安全规定》的要求，瓶阀冻结时，应把气瓶移到较温暖的地方，用温水或温度不超过 40℃ 的热源解冻，严禁敲击或火焰加热（见图 4-16）。

a) 烘烤   b) 加热

图 4-16　切忌烘烤和加热气瓶气罐

（8）忌气瓶在夏季使用时长时间在烈日下暴晒

原因：气瓶是一种储存和运输用的高压容器，在盛夏的阳光下直接暴晒时，随瓶温的增高，瓶体受热膨胀，瓶内的气压也剧增，当超过瓶体材料的强度极限时，就会发生爆炸。

措施：根据 GB/T 34525—2017《气瓶搬运、装卸、储存和使用安全规定》的要求，气瓶在夏季使用时，要采取专用遮阳措施，应防止气瓶在烈日下暴晒（见图4-17）。

图4-17 气瓶切忌在阳光下暴晒

（9）忌氧气瓶与乙炔瓶距离以及两气瓶与明火的距离太近

原因：氧气瓶和乙炔瓶距离太近或者两气瓶距离明火太近，当某一气瓶内的气体泄漏时会引起爆炸（见图4-18）。

图4-18 氧气瓶与乙炔气瓶的安全距离太近

措施：根据 GB/T 34525—2017《气瓶搬运、装卸、储存和使用安全规定》，不应将气瓶靠近热源，安放气瓶的地点周围 10m 范围内，不应进行有明火或可能产生火花的作业（高空作业时，此距离为在地面的垂直投影距离）；两气瓶间距不得小于 5m。

（10）忌乙炔气瓶未直立使用

原因：如乙炔瓶卧倒使用，其中的丙酮会被吸出，导致瓶嘴泄漏，引起燃烧爆炸事故（见图4-19）。

措施：乙炔气瓶使用时严禁卧放，必须直立，并应采取措施防止倾倒。对已经卧放的乙炔瓶，不准直接开气使用，使用前必须先立牢，静止 15min 后，再接减压器使用，否则会造

a) 气瓶卧放   b) 气瓶直立

图 4-19　乙炔气瓶切忌卧放使用

成危险。

4.3　焊接烟尘

（1）忌焊接作业区域无烟尘防护措施

原因：如果焊接作业现场无有效的烟尘防护措施，则焊接过程中作业人员就会吸入大量的有毒、有害气体，长时间在此环境中工作，就会引起尘肺、金属烟热、锰中毒等，特别是在封闭或半封闭的环境中，容易引起人的窒息。

措施：焊接作业过程须在安装通风除尘设备等措施、降低烟尘浓度的环境中进行。严格执行作业场地做到除尘设施完好、通风措施到位（见图 4-20），焊接操作人员严格佩戴防尘、防毒口罩，方可进行焊接作业。

图 4-20　密闭空间焊割作业要加强通风

（2）忌焊接区域油漆、油污没有清除

原因：除焊接坡口两侧为保证焊接质量所要求的清理范围之外，焊接热影响区周围（受热区域）油漆、油污等杂质如果没有完全清除（见图 4-21），则焊接过程也会产生有毒有害气体，存在中毒、尘肺等人身伤害风险。特别是坡口周围的油漆、油污未完全清除而施焊，也会对焊接过程产生影响，如易产生气孔、夹渣等缺陷。

图 4-21　焊件周围（受热区域）油漆、油污没有清除

措施：焊接作业前，清除保证焊接质量所要求清理范围外，热影响区周围油漆、油污等杂质也需要清除干净。

（3）忌在密闭或受限空间焊割作业无通风措施

原因：密闭或受限空间由于空气流动性差，焊接烟尘无法排出，因此即使焊接作业人员佩戴防尘、防毒口罩，长时间工作也容易造成作业人员窒息。

措施：在密闭或受限空间进行焊割作业时，必须办理受限空间作业审批手续、加强通风和排烟措施，并做好个人防护，同时要有专人监护。

（4）忌铝合金 MIG 焊时未采用有效的防尘、防毒措施

原因：铝合金在大电流 MIG 焊时，因为容易产生颗粒细小的 Al_2O_3 烟尘，颗粒直径较小，呈絮状结构，其在空气中能长时间悬浮，所以一般的防护工具很难避免其对焊接作业人员造成的危害。

措施：铝合金 MIG 焊接时，可以采取整体式通风设备与佩戴过滤式防毒口罩的措施进行防护。

4.4 焊接弧光

（1）忌焊接作业不佩戴防护面罩

原因：焊接过程中若不佩戴防护面罩，焊接产生的弧光就会灼伤眼睛和皮肤，引起电光性眼炎和皮肤疾病（见图4-22）。

图4-22 没有佩戴防护面罩进行焊接作业

措施：焊接过程中要按规定佩戴好防护面罩和眼镜等防护用品。

（2）忌焊接作业不穿戴焊接专用防护服

原因：焊接过程中若不穿戴焊接专用防护服，则焊接产生的弧光就会灼伤皮肤，导致皮肤发黑蜕皮；如长期暴露，会使皮肤失去弹性而萎缩、老化（见图4-23）。

措施：焊接过程中严格按照规定穿戴好焊接专用防护服等劳动防护用品。

（3）忌在同一空间内多人进行焊接作业时无有效防护措施

原因：多人在一起不加防护进行焊接时，产生的弧光会灼伤其他人的眼睛、皮肤；同时，焊接的熔渣、飞溅还容易烫伤他人，极易造成相互的人身伤害（见图4-24）。

措施：为了保护焊接区域其他人员的眼睛、皮肤等不受到伤害，应在焊接现场设屏障隔开，焊接人员应经常提醒其他人员注意避开，并加强防护。

图 4-23　不穿戴防护服进行焊接作业

图 4-24　多人不加防护在一起进行焊接

（4）忌使用的防护面罩、护目镜片遮光性不达标

原因： 焊工防护面罩破损或镜片选择不当，在焊接作业时产生漏光或遮光效果不佳，存在引起电光性眼炎、皮肤损害、视力下降等风险（见图 4-25）。

措施： 使用合格的焊工专用防护面罩，选择合适的护目镜片，如发生面罩损坏要及时更换，在保证遮光性完好的情况下方可进行焊接作业。

（5）忌选择的护目镜片与焊接方法不匹配

原因： 由于不同的焊接方法在焊接过程中所产生的弧光强弱不同（如等离子弧焊的弧光辐射要大于其他焊接方法），如采用相同的护目镜片，则会对人体造成不同程度的伤害。

措施： 应根据不同的焊接方法所产生的弧光强弱选择不同型号的护目镜片，弧光较强的焊接选择的护目镜片颜色要深一些。

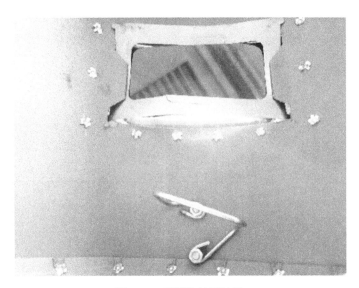

图 4-25　面罩防护不达标

4.5　高空作业

（1）忌高空作业不系安全带

原因：焊接作业人员高处作业未系安全带，会导致作业人员高空坠落伤害事故。如焊接作业区下方及周围存有可燃物，则会导致飞溅坠落而引发火灾，造成高空作业人员慌乱，引发坠落事故（见图 4-26）。

措施：在高空焊接作业前，应清除下方易燃易爆物、设备等，高空作业时必须系挂安全带。

图 4-26　焊接作业人员高空作业不系安全带，焊接作业周围存有可燃物

（2）忌身上缠绕焊接电缆登高作业

原因：现场焊接作业人员蹲在钢梁上，操作平台无防护栏杆，安全带低挂高用，存在高处坠落风险。特别是电缆缠身容易引发触电、勒身等危险（见图4-27）。

图4-27　身缠焊接电缆登高

措施：作业平台设置防护栏杆，安全带应系挂在施工作业处上方牢固的构件上，高挂低用。不具备安全带系挂条件时，应增设生命绳、安全网等安全设施。

（3）忌焊接登高作业脚手架搭设不合格

原因：在高空焊接作业时，若脚手架搭设不合格，则存在脚手架坍塌、高空坠落风险。

措施：应根据GB 51210—2016《建筑施工脚手架安全技术统一标准》的要求，规范搭设脚手架，并验收合格后方可登高焊接作业。

（4）忌登高作业梯子工作角度太大或太小

原因：登高作业时，梯子的工作角度过大或过小，都极易因梯子发生倾斜而跌倒，对人身造成伤害。

措施：使用梯子时，梯脚底部要坚实，并且要采取加包扎或钉胶皮等防滑措施。立梯的工作角度以75°±5°为宜，梯底宽度不低于50cm，并要安排专人扶梯。

（5）忌高空作业的安全带低挂高用

原因：安全带栓挂高度低于腰部，在发生坠落时，实际冲击的距离加大，人和绳索都会承受到较大的冲击负荷。同时，人坠落高度变高，安全带下落高度变高，下落时安全带摆动剧烈，都增加了碰伤和摔伤的危险（见图4-28）。

措施：安全带要高挂低用，挂点在自己工作位置的正上方，挂点必须选择相对封闭、牢靠的位置固定。

图 4-28　安全带低挂高用

（6）忌登高作业时，人随吊物一起上下

原因：在起吊过程中，吊物会来回晃动，如果人员随吊物一起将随之晃动，如吊物脱落，人即随之坠落，造成伤害，严重时危及生命（见图 4-29）。

图 4-29　人随吊物上下

措施：登高时，人与吊物分开上下，人从专门的梯子或其他安全的地方进入施工位置，吊物未放稳时不得攀爬。

（7）忌高空无安全防护措施进行立体交叉作业

原因：在无防护措施进行立体交叉作业的情况下，很容易发生物体坠落，火花飞溅下落等，对下方人员造成砸伤、烫伤等危害（见图 4-30）。

a) 错误示范一   b) 错误示范二

图 4-30 高空无防护交叉作业

措施：高空立体交叉作业时，应对危险作业范围予以明确，并做出必要的安全警示标志。不仅要做好对参加施工作业人员进行安全技术交底，还要做好隔离防护，采取专人负责制等措施，确保人身安全。

第5章

金属材料与热处理

各种金属材料是特种设备制造的主要材料，不同谱系的金属材料以及相同谱系不同成分的金属材料在经过焊接过程后形成的焊接接头具有不同于母材的性能，一般可通过热处理使接头性能满足使用要求。因此，作为焊接施工相关人员，了解金属材料及其热处理的基本常识，有助于保证焊接结构的制造质量。本章对金属材料选用、储存、牌号、性能、用途以及热处理等方面容易混淆的问题进行了说明。

5.1 对承压设备金属材料的要求

(1) 忌承压设备选用的金属材料与使用工况不匹配

原因： 承压设备工况的实际应用条件十分复杂，介质类型、介质温度、介质压力等操作条件组合，构成了无数个选材条件。以材料为主体，应用金属理论、腐蚀理论以及工程理论综合考虑，首先要求所选金属材料能满足设备要求的主要功能，同时兼顾经济成本、工程施工与安全等条件来确定承压设备所采用的材料牌号。如果选材不合适，会导致构件性能不能满足使用要求，造成产品质量不达标，甚至造成产品报废，影响企业的经济效益，严重时甚至会发生事故，造成重大经济损失。

措施： 承压设备金属材料的选择应符合国家、行业和企业的标准规范，应熟悉材料性能、用途、特性和工艺方法，了解产品的设计要求和使用要求，使用前要验证材料牌号选择的正确性。承压设备首先要确定材料牌号，再确定材料执行的标准。不同的材料标准，对材料质量的要求不尽相同。

(2) 忌金属材料不能满足承压设备使用条件的要求

原因： 承压设备因其承受的压力、所盛介质、使用条件的不同，对材料的要求也不相同。承压设备制造所选用的金属材料，如果不能满足承压设备的使用条件要求，则设备在运行过程中就会存在较大的安全隐患，甚至会导致发生事故，造成不必要的损失。

措施： GB 150—2011《压力容器》规定，选择压力容器受压元件用钢材时，应考虑容器的使用条件（如设计温度、设计压力、介质特性和操作特点等）、材料的性能（力学性能、工艺性能、化学性能和物理性能）、容器的制造工艺以及经济合理性。

（3）忌承压设备金属材料不能满足材料加工和工业化生产要求

原因：承压设备金属材料一般具有良好的加工工艺性、焊接性等。例如，对于一些腐蚀环境，选用不锈钢复合材料代替纯不锈钢材料制成的压力容器、压力管道无疑是经济适用的。但由于许多制造厂执行标准不统一、不能批量生产，导致研发生产能力有限，复合工艺不过关，所以使用中屡次出现问题，从而给复合材料的应用带来了限制。

将材料标准化、系列化，便于大规模生产，从而可以节约设计、制造、安装及使用等各环节的成本。

措施：承压设备金属材料应首先选用标准材料，对于必须选用的新材料应有完整的技术评定文件，并经过省级及以上管理部门组织技术鉴定，合格后才能使用。对于进口的材料，应提出详细的规格、性能、材料、牌号及材料标准等技术要求，并按国内的有关技术要求对其进行复验，合格以后才能使用。

（4）忌承压设备金属材料不符合既实用又经济的要求

原因：承压设备选用金属材料需符合既实用又经济的要求，一般情况下应从腐蚀、材料标准及制造、新材料新工艺应用等方面来考虑。

1）腐蚀方面。应根据腐蚀工况，进行综合的技术经济评定和核算，对于较弱腐蚀环境，应考虑选用低等级材料，并赋予其他防护措施，从而避免选用高耐腐蚀材料造成的高成本。

2）材料标准及制造方面。许多材料标准和制造标准都有若干供用户确认的选择项。用户可以根据使用条件不同追加若干检验项目，以便更好地控制材料的内在质量。但提出这样特殊要求，就意味着产品价格的上升，有些检验项目如腐蚀试验等的费用是很高的。如何追加这些附加检验项目，应结合使用条件和产品的价格来综合考虑。

3）新材料、新工艺应用方面。积极采用新材料，支持新材料、新工艺的开发和应用，可以有效地降低建设投资，又能满足生产工艺要求。对材料的要求，例如，用不锈钢复合材料代替纯不锈钢材料等。

措施：承压设备选用金属材料符合既实用又经济的要求，但实际操作起来是很复杂的，需运用工程学、材料学、腐蚀学等方面的知识综合判断。根据有关设计规范要求，在满足设计结构性能的条件下，优先采用成本低的材料。

（5）忌使用牌号缺失或无合格证书和质量证明书的材料

原因：承压设备在制造过程中，有时为了降低成本，采用了低等级材料，使用质量不合格的材料，甚至使用材料牌号缺失或无合格证书和质量证明书的材料；由于不能充分了解材料的来源和材料的各项性能和化学成分，导致特种设备质量得不到保证，造成安全隐患，严重时可能导致重大的人身安全事故，造成巨大的经济损失。

措施：GB 150—2011《压力容器》规定，压力容器受压元件用钢材应附有钢材生产单位的钢材质量证明书原件，容器制造单位应按质量证明书对钢材进行验收。如无钢材生产单位的钢材质量证明书原件，则应按 TSG 21—2016《固定式压力容器安全技术监察规程》中

2.1 的规定验收。对符合 TSG 21—2016 中 2.1.1 所规定的情况，压力容器制造单位应对钢材进行复验。

（6）忌特种设备材料代用缺乏充分的技术依据

原因：特种设备的制造有时受到条件的限制，往往会出现材料代用的问题。如果所代用的材料没有充分的技术依据，而是随意而代之，极易出现代用材料各项性能指标或部分性能指标低于设计要求的现象，导致产品质量不合格，造成产品报废或大面积返修，存在重大安全隐患。

措施：TSG 21—2016《固定式压力容器安全技术监察规程》规定，压力容器制造、改造、修理单位对受压元件的材料代用，应事先取得设计单位的书面批准，并且在竣工图上做详细记录。

5.2 预热与热处理

（1）忌压力管道和压力容器热处理规范混用

原因：不同的压力管道和压力容器的热处理规范也不相同。由于材质、厚度的不同，其热处理温度、保温时间以及升温和降温速率都不相同，所以在选用热处理工艺时，错误地将压力管道（压力容器）热处理工艺用于压力容器（压力管道）热处理，不仅达不到热处理效果，严重时还会影响焊接接头质量，造成质量事故。

措施：压力管道和压力容器热处理工艺应依据 GB/T 30583—2014《承压设备焊后热处理规程》的要求进行选择，对于有特殊要求的热处理工艺，除执行产品技术条件的要求外，还应进行焊接工艺评定予以验证。

（2）忌热处理操作人员未进行培训考核就上岗作业

原因：热处理是焊件获得所需性能的一种金属热加工工艺，其程序相对复杂，涉及材料、热处理工艺、热处理设备、热处理计量器具、热电偶规格型号和补偿导线正负极材料等专业知识。热处理操作人员不经过培训考核就上岗操作，很容易造成热处理设备的损坏，使热处理工艺执行不到位，从而造成整个热处理过程控制不规范，最终达不到对焊件的热处理效果，影响焊接质量。

措施：GB/T 30583—2014《承压设备焊后热处理规程》规定，焊后热处理操作人员应经培训与考核方能上岗，熟悉并掌握焊件焊后热处理工艺规程。

（3）忌热处理用仪器仪表没有校准、核查就投入使用

原因：在现场施工中，很多热处理设备只有出厂合格证，而其所用的仪表大多都没有进行校准。在使用过程中，仪表会出现误差，使其测量精确度降低或者失效，导致热处理数据显示不准确，热处理工艺执行失败（见图 5-1）。

措施：严格执行 GB/T 30583—2014《承压设备焊后热处理规程》规定，具体如下。

1）绝热材料、控温仪表和测温仪表应符合相应标准，产品应有质量证明书和使用说明书。

图 5-1　没有校验的热处理设备

2）各种计量仪表应按标准规定经计量检验合格，使用前按规定进行校准。

3）焊后热处理加热、控温、测温装置及整套系统在每次投入使用前，均应进行检验、调试，使之处于正常状态，符合热处理要求。

（4）忌采用未校准的热电偶

原因：施工现场焊后热处理一般采用镍铬 – 镍硅 K 形铠装热电偶（见图 5-2）。热电偶是通过正负极的电动势差来测量温度的，在不同的使用环境和条件下，测量端由于氧化腐蚀

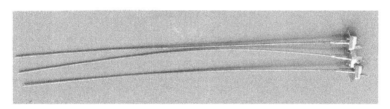

a) 标准镍铬-镍硅K形铠装热电偶

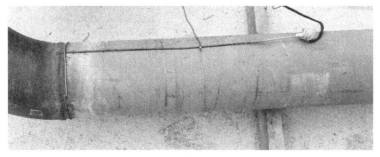

b) 镍铬-镍硅K形铠装热电偶的测温布置

图 5-2　镍铬-镍硅 K 形铠装热电偶

和高温下的再结晶等原因，其电阻会发生改变，从而改变两极的电动势差，即产生测量误差，导致实际测量的温度不准确，不符合热处理工艺规程要求，不能满足设计要求，极易使产品的质量下降，严重时可能造成产品报废，导致较大的经济损失或引起安全事故。

措施：GB/T 30583—2014《承压设备焊后热处理规程》规定，热电偶、补偿导线的制造厂应具有相应资质，所使用的热电偶、补偿导线应有质量证明书。焊后热处理装置的温度测量系统在正常状态下，要定期进行系统校验。校验应在热处理装置处于热稳定状态下进行，温度测量的系统校验允许偏差为 ±3℃。

（5）忌热电偶补偿导线破损或与热电偶连接不正确

原因：补偿导线是与所配合使用的热电偶的热电特性相同的一对绝缘导线，用来连接热电偶与显示记录仪表，具有延伸热电极即移动热电偶的冷端，以使热电偶热电势延伸到显示记录仪表上。补偿导线广泛适用于石油、化工、冶金、发电等领域的温度测量，以及操作自动化控制。如果使用没有温度补偿功能的普通导线，则测出的温度不是实际温度，温度误差大，缺少冷端补偿功能。

施工现场普遍存在热电偶破旧、热电偶连接导线乱接、连接粗糙，以及裸露等现象，容易造成读取数值失准（见图 5-3）。

图 5-3　施工现场热电偶连接不规范

措施：补偿导线和热电偶必须匹配使用，并且与热电偶端子之间不得采用铝线、铜线等异种材质导线中段连接，必须采用相同材质和规格的导线，并处于同一测温环境，同时补偿导线分为导线和补偿线，不得连接错误。补偿导线与热电偶材料连接处的温度要严格控制在可以承受的范围内。

（6）忌选择不适宜的预热规范

原因：金属材料进行焊接时预热的主要目的是减小焊接结构的拘束应力，促进扩散氢逸出，改善接头的应力分布及塑韧性等。若预热规范选择不准确，则达不到要求预热的效果和目的，极易导致焊接接头产生焊接缺陷（尤其是焊接冷裂纹），使焊接接头的组织与性能恶化，造成产品报废或返工。

措施：预热温度的选择应依据材料的焊接性、产品结构形式以及焊接条件，通过计算和焊接工艺评定试验，准确选取预热的规范参数。同时，GB/T 30583—2014《承压设备焊后热处理规程》、NB/T 47015—2011《压力容器焊接规程》、SH/T 3554—2013《石油化工钢制管道焊接热处理规范》等对部分材料的预热都有相关规定。常用管道材料的预热温度见表5-1。

表5-1　常用管道材料的预热温度（摘自 SH/T 3554—2013）

母材类别	名义壁厚 /mm	规定的母材最小抗拉强度 /MPa	预热温度 /℃
碳素钢	≥25	全部	≥80
	全部	>490	
碳锰钢	≥15	全部	≥80
	全部	>490	
w_{Cr}≤0.5% 的铬钼合金钢	≥13	全部	≥80
	全部	>490	
0.5% < w_{Cr} ≤2% 的铬钼合金钢	全部	全部	≥150
2.25% ≤ w_{Cr} ≤10% 的铬钼合金钢	全部	全部	≥200

注：1. 当采用钨极气体保护焊打底时，焊前预热温度可按规定的下限温度降低50℃。
　　2. 当采用火焰切割下料、开坡口、清根、开槽或施焊临时焊缝时，也应考虑预热。

（7）忌选用不合适的预热方式

原因：若焊接预热方式选择不合适，则对焊接质量的影响很大。尤其是一些刚性较大的结构、淬硬倾向较大的材料或者是大厚度材料，如果选用了不易控制的火焰预热方式，结果在厚度方向上会形成很大的温度梯度，不仅在整个焊接过程中无法保持稳定的预热温度，达不到预热效果，反而容易导致焊接接头应力、焊接结构拘束度较大，产生淬硬组织，易形成裂纹等缺陷，使焊缝的性能不能满足使用要求。

措施：应根据焊接结构形式、拘束应力、组织特性和工况环境，正确地选用预热方式，对于结构复杂、刚性较大、焊接过程无法满足预热目的的焊接结构，宜选用控温效果较好的电阻加热或感应加热等方式。

（8）忌电阻加热时加热器布置和连接不正确、热电偶设置不符合要求

原因：热处理时，加热器布置和连接不正确，易导致加热范围内温度分布不均匀，焊接接头沿焊缝纵向组织和性能不均匀，甚至产生裂纹缺陷。同时，若热电偶设置不符合要求，则不能准确反映炉膛的真实温度，易造成整个焊接接头温度分布不均匀，整体或局部温度偏高或偏低，达不到热处理效果，导致焊接接头性能不能满足设计要求。另外，当两个接头同时热处理时，若布置1个热电偶，则热电偶和补偿导线还会存在铰接的现象（见图5-4）。

措施：热处理前，应充分计算焊接结构的热容量，选择合适的加热功率，按照有关标准规程要求，正确布置和连接加热器和热电偶，施工前结合焊接工艺评定进行工艺试验。热处理操作工应培训考核合格上岗，且在热处理过程中加强技术监督。

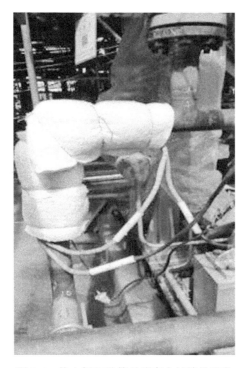

图 5-4　热电偶和补偿导线存在铰接的现象

（9）忌热处理过程中意外中断时，立即拆卸保温棉和加热器

原因：对于刚性较大的焊接结构和淬硬倾向较高的钢材，易导致焊接接头产生裂纹、变形等缺陷。往往要通过焊前预热（见图 5-5）及后热，来降低焊接过程的脆硬倾向和焊接应力。如果热处理过程中意外中断，则焊缝及近缝区的母材表面会出现淬硬现象，甚至会出现裂纹缺陷，影响焊接质量，存在安全隐患。

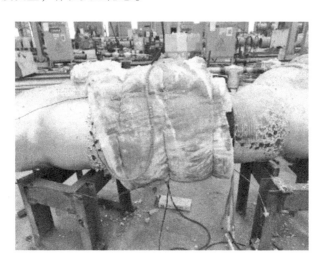

图 5-5　现场材料的预热

措施：热处理前，应制定突然中断的应急方案，对热处理供电系统、控制器、加热器等进行全面检查，消除设备和加热器的故障和缺陷；同时要对热处理操作工进行技术交底，掌握故障排除的程序和步骤。意外中断后应采取特殊措施，尽量保持冷却速度与热处理工艺相一致，冷却后对焊接接头进行无损检测和表面检测。

（10）忌焊接中断后，利用预热替代后热处理

原因： 在工程施工中，对大厚度材料、冷裂纹敏感性大的材料焊接，一般需要进行焊接热处理（见图 5-6）。由于受不确定因素影响中断焊接时，大多数焊接操作人员没有按照工艺对焊缝进行后热处理，而是利用重新焊接预热替代后热处理，导致焊缝中扩散氢不能及时逸出，焊接应力不能及时消除，焊缝和热影响区的晶粒得不到细化，严重时会导致焊接接头产生焊接裂纹。

图 5-6　现场厚壁材料焊接

措施： 预热和后热处理对焊接接头的作用是不同的，禁止用预热代替后热处理。

NB/T 47015—2011《压力容器焊接规程》规定：

1）对冷裂纹敏感性较大和拘束度较大的大厚度材料，焊后应及时进行后热处理。

2）后热温度一般为 200~350℃，保温时间与后热温度、焊缝金属厚度有关，一般不少于 30min。

（11）忌金属构件热处理过程中拆除支撑和加载工具

原因： 对于直径较大、长度较长的压力容器和压力管道，在焊后热处理过程中，如果焊接接头附近没有支撑，或者在热处理过程中随意拆除支撑，由于热处理温度较高，所以在重力作用下，会造成焊接结构局部产生变形，严重时会在焊缝或近缝区出现裂纹（见图 5-7）。

措施： 热处理前充分了解热处理过程对焊接结构造成的变化，制定切实可行的热处理防变形措施，加强对热处理过程的监控，在热处理过程中禁止随意拆除防变形临时支撑。

图 5-7 现场管道热处理缺少支撑

（12）忌焊后热处理完成后不采取措施进行补焊或返修

原因：在特种设备制造过程中，经常会出现焊缝焊接完成后立即进行焊后热处理，但是经无损检测后发现存在缺陷，需要返修；或者在热处理后发现有的地方需补焊处理的情况，如不采取任何措施进行返修或补焊，就会导致焊接接头或补焊处出现裂纹等缺陷。

措施：

1）TSG 21—2016《固定式压力容器安全技术监察规程》规定，压力容器焊接工作全部结束并且经过检测合格后，方可进行焊后热处理；所有种类的热处理均应在耐压试验前进行。

2）NB/T 47015—2011《压力容器焊接规程》规定，有应力腐蚀的压力容器、盛装毒性为极度或高度危害介质的压力容器、低温压力容器，在焊接返修后要求重新进行热处理。

（13）忌用焊后去应力热处理代替恢复性能热处理

原因：去应力热处理是为了消除因机加工或焊接后工件内部组织发生不均匀变化而产生的内应力，避免给工件的使用留下隐患（包括退火、正火等）。

恢复性能热处理是产品在加工完成后，尤其是在热冲压、焊接加工后，其热处理状态受到破坏，力学性能发生变化，因此要对其进行热处理，以恢复其原来热处理状态的性能。去应力热处理和恢复性能热处理的目的、工艺等不同，一般情况下前者无法满足后者的工艺要求。

措施：GB 150—2011《压力容器》规定，钢板冷成形受压元件符合下列任意条件之一，且变形率超标，应于成形后进行相应热处理以恢复材料的性能。

1）盛装毒性为极度或高度危害介质的容器。

2）图样注明有应力腐蚀的容器。

3）对碳素钢、低合金钢，成形前厚度 >16mm 的容器。

4）对碳素钢、低合金钢，成形后减薄量 >10% 的容器。

5）对碳素钢、低合金钢，材料要求做冲击试验的，不能用焊后消除应力热处理代替恢复性能热处理。

第6章

焊接接头和焊缝形式

因为特种设备的结构形成多样，所以造成其焊接接头有对接、角接（包括十字接头）及搭接等多种形式，且特种设备的不同类型接头具有不同的要求。本章针对特种设备制造中常用的接头形式及其应用范围中容易混淆的问题进行总结归纳。

6.1 接头形式及应用

（1）忌压力容器接管与壳体 D 类焊缝未焊透

原因：根据 GB 150—2011《压力容器》，容器主要受压部分焊接接头分为 A、B、C、D 四类，如图 6-1 所示。

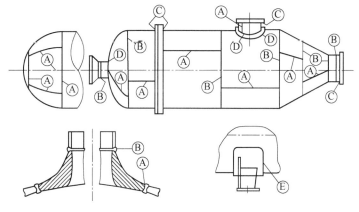

图 6-1 压力容器焊缝布置

圆筒部分的纵向接头、球形封头与圆筒连接的环向接头、各种凸形封头中的所有拼焊接头以及嵌入式接管与壳体对接连接的接头，均为 A 类焊接接头，容器中受力最大，一般采用双面焊或保证全焊透的单面焊焊缝。

筒体部分的环向接管、锥形封头小端与接管连接的接头、长颈法兰与接管连接的接头，均属 B 类焊接接头，但已规定为 A、C、D 类的焊接接头除外，B 类焊缝的工作压力一般为 A 类的一半，除采用双面焊的对接焊缝外，还可以采用带衬垫的单面焊。

盖、盖板与圆筒非对接连接的接头，法兰与壳体、接管连接的接头，内封头与圆筒连接的搭接接头，均属 C 类焊接接头，中低压容器中 C 类焊缝受力较小，通常采用角焊缝；高压容器、盛有剧毒介质的容器和低温容器采用全焊透的接头。

压力容器 D 类焊缝是接管与容器的连接焊缝，为交叉焊缝，接管、人孔、凸缘、补强圈等与壳体连接的接头，均属于 D 类焊接接头，其受力条件复杂，且存在较高的应力集中。在厚壁容器中，这种焊缝的拘束度相当大，残余应力也较大，易产生裂纹等缺陷。D 类焊缝焊接过程中如果未全部焊透，不仅会降低焊缝强度，还会引起应力集中，严重降低焊缝的疲劳强度；还可能成为裂纹源，从而影响压力容器的制造质量，严重时会导致事故的发生。

措施： 压力容器中，D 类焊缝必须采取全焊透的焊接接头，不允许出现未焊透缺陷，对于低压容器可采用局部焊透的单面或双面角焊。另外，需特别注意的是，压力容器焊接接头的分类原则是根据焊接接头在容器所处的位置，而不是按焊接接头的结构形式分类的。

（2）忌压力容器采用十字焊缝

原因： 压力容器采用十字焊缝（见图6-2）时，第一，在焊缝中心产生三向应力，会造成严重的应力集中；第二，焊缝中心焊缝金属容易过热，造成晶粒粗大并且聚集了一些低熔点共晶相，使接头强度大幅降低；第三，在焊缝热影响区重叠部分，增加了裂纹的敏感性，是整个压力容器的强度薄弱区；第四，易使容器筒体产生焊接变形，焊后进行变形矫正较为麻烦。

图6-2　压力容器十字焊缝

措施： TSG 21—2016《固定式压力容器安全技术监察规程》规定，压力容器组装时，不宜采用十字焊缝。相邻的两筒节间的纵缝和封头拼接焊缝与相邻筒节的纵缝应错开，其焊缝中心线之间的外圆弧长一般应大于筒体厚度的 3 倍，且不小于 100mm。

（3）忌不等厚钢板坡口未削薄进行焊接

原因： 在承压设备制造过程中，经常出现钢板厚度不一致需要组焊的情况。由于两钢板的厚度不等，需要以对接的形式组对在一起进行焊接时，其焊缝部位产生的刚度变化和变形不一致，从而导致应力集中，尤其是承受交变载荷作用的压力容器，往往容易发生疲劳破坏。

措施： GB 150—2011《压力容器》规定，当两侧钢材厚度不等时，若薄板厚度 $\delta_{s1} \leqslant$

10mm，两板厚差超过 3mm；若薄板厚度 $\delta_{s1} > 10mm$，两板厚度差大于 30% δ_{s1}，或超过 5mm 时，均应按图 6-3 的要求单面或双面削薄厚板边缘，或按同样要求采用堆焊方法将薄板边缘焊成斜面。当两板厚度差小于上列数值时，则对口错边量以较薄板厚为基准确定，在测量对口错边量时，不应计入两板厚度的差值。

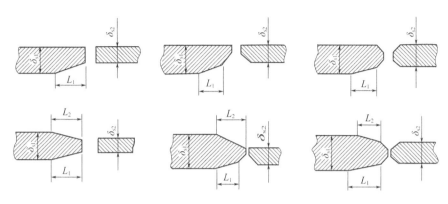

图 6-3　不等厚度焊接接头连接形式

注：δ 为板厚，L 为坡口削薄长度。

（4）忌压力管道采用搭接接头

原因：由于搭接接头焊缝及其附近区域与焊缝平行的平面内，垂直于焊缝方向上不均匀分布的固有剪切应变分量引起焊接角变形，因此搭接接头容易引起较大的应力集中，从而导致裂纹的出现，尤其是铬钼钢焊接时尤为明显。

措施：由于对接接头具有受力好、强度大、应力集中相对较小等优点，所以压力管道应采用对接焊缝，特殊情况下的异径压力管道焊接时，也应采用对接焊缝。

（5）忌交叉焊件的焊缝聚集在一起

原因：承压设备的焊缝布置是否合理，直接影响焊接结构的质量和焊接生产率。交叉焊件的焊缝聚集在一起，不仅使焊件的焊接变形增大，更严重的会使焊件产生较大的焊接应力，致使裂纹倾向增加，降低焊件的强度和刚性。

措施：设计布置焊缝时，应避免密集或交叉，尽量使焊缝对称分布。同时，焊缝布置应避开最大应力区或应力集中区（见图 6-4、图 6-5）。

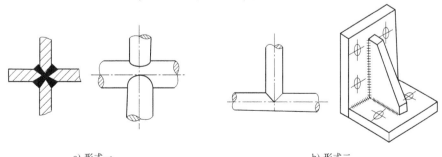

a) 形式一　　　　　　　　　　　　　　b) 形式二

图 6-4　不合理交叉接头形式

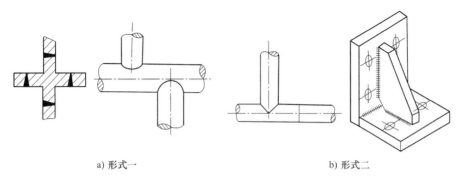

a) 形式一   b) 形式二

图 6-5   合理交叉接头形式

6.2   坡口

(1) 忌压力管道对接焊缝坡口和钝边过大

原因： 压力管道一般直径较小，无法实现双面焊接，大多采用单面焊双面成形。如果坡口角度过大，不仅增加了填充金属量，而且增大了焊接变形，影响了焊缝外观成形，降低了焊接效率。若钝边过大，在焊接时则容易出现未焊透或未熔合缺陷，造成焊接返修，影响管道焊接质量，增加了焊接成本。

措施： 对于单面焊双面成形的管道对接接头，应使焊缝填充金属尽量少，避免或减少产生缺陷和残余焊接应力变形，有利于焊接防护、方便操作等，据此来设计坡口角度，并严格控制坡口加工质量，对于液态流动性差的焊接材料可适当加大坡口角度。钝边应在保证根部焊透和避免产生根部裂纹前提下选择，并根据坡口角度的大小适当增大或减小钝边的尺寸（见图 6-6）。

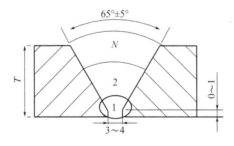

图 6-6   管道坡口形式

(2) 忌厚板压力容器对接接头采用单边 V 形坡口

原因： 在开 V 形坡口的对接接头中，由于焊缝截面形状上下不对称，故使焊缝的横向缩短，上下不均匀，引起焊接角变形。特别是压力容器筒节纵焊缝，会造成棱角度超出标准要求，给筒体回圆造成困难，严重时还会导致纵焊缝裂开。在板厚相同时，V 形坡口焊缝截面积比 X 形、U 形、双 U 形坡口大，因消耗焊材大而增加了焊接成本。

　　措施：U 形坡口具有焊缝金属量最少、焊件产生的变形小、焊缝金属中母材金属所占比例也小的优点；在相同厚度情况下，X 形坡口与 V 形坡口相比，可减少焊缝金属填充量约 1/2，焊件焊后变形和内应力也小。对于厚板压力容器对接接头，应尽量采用 X 形、U 形、双 U 形坡口（见图 6-7）。

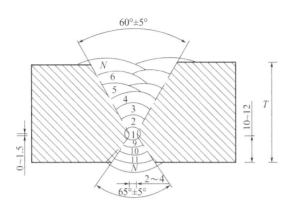

图 6-7　2/3 双 U 形坡口形式

（3）忌特殊要求管板焊接接头采用凸形角焊缝

　　原因：介质黏度较大的换热设备，若换热管与管板焊接接头采用角焊缝结构，易在管头间造成积液结块，长时间运行会降低换热效果，甚至腐蚀换热管与管板焊缝，造成泄漏。特别是凸形角焊缝会在焊脚处形成较大应力集中，容易产生裂纹。

　　措施：介质黏度较大的换热设备换热管与管板焊接接头应采用下沉焊缝（见图 6-8a）。设备接管与壳体 D 类焊缝采用凹形角焊缝，且平滑过渡，使应力分布比较均匀（见图 6-8b）。

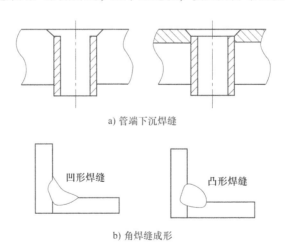

a) 管端下沉焊缝

b) 角焊缝成形

图 6-8　特殊要求管板焊接角焊缝

（4）忌等离子弧焊对接接头组对间隙偏差过大

　　原因：小孔型等离子弧焊是利用小孔效应实现等离子弧焊的方法，也称穿透型等离子焊接。等离子弧将会穿透整个工件厚度，形成一个贯穿工件的小孔，焊枪前进时，在小孔前沿的熔化金属沿着等离子弧柱流到小孔后面并逐渐凝固成焊缝。若组对间隙偏差过大，则穿孔过程不稳定，易造成局部未焊透或气孔缺陷以及焊缝下塌，影响焊接质量。

措施：采用等离子弧焊时，坡口宜采用水切割、坡口机等机械加工，保证坡口的直线度和平整度，组对间隙一般控制在 0 ~ 0.5mm。

（5）忌埋弧焊爬坡焊时的爬坡角度过大

原因：埋弧焊一般适用于平焊缝、横焊缝，当遇到带爬坡角度的平焊缝焊接时，如果爬坡角度太大，焊剂在重力的作用发生向下流失，难以对熔池完全覆盖，容易造成焊缝氧化、焊接气孔、熔池下坠形成焊瘤等缺陷，严重破坏焊缝成形，造成焊缝缺陷，恶化焊接质量。

措施：埋弧焊应尽量采用水平位置焊接，若采用爬坡焊，则爬坡角度不宜超过 6°（见图 6-9）。

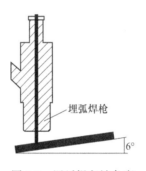

图 6-9　埋弧焊爬坡角度

6.3　焊缝符号

（1）忌结构件焊缝符号的指引线指示不清

原因：结构件焊接时，若焊缝符号指引线指示不清，则可能导致施焊人员不清楚具体焊接哪条焊缝，或焊接了未要求焊的焊缝，而漏掉了要求焊接的焊缝，造成不必要的返工，增加焊接施工成本，有时还可能导致事故的发生。

措施：结构件焊接时，焊缝符号指引线一定要标识清楚具体需要焊接的焊缝。焊缝符号标识如图 6-10 所示。

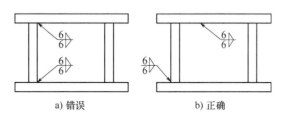

图 6-10　焊缝符号标识

（2）忌焊缝基本符号与基准线相对位置标注错误

原因：若焊缝基本符号与基准线相对位置标注错误，则会使焊件的焊缝位置出现错误，误导焊工进行焊接操作，造成不必要的返工，增加焊接成本。

措施：GB/T 324—2008《焊缝符号表示法》规定，基准线一般应与图样的底边平行，必要时也可与底边垂直，实线和虚线的位置可根据需要互换。基本符号在实线侧时，表示焊缝在箭头侧（见图6-11a）。基本符号在虚线侧时，表示焊缝在非箭头侧（见图6-11b）。对称焊缝允许省略虚线（见图6-11c）。在明确焊缝分布位置的情况下，有些双面焊缝也可省略虚线（见图6-11d）。

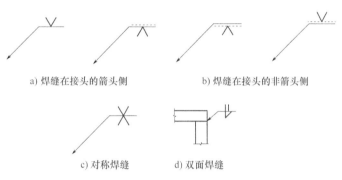

a) 焊缝在接头的箭头侧　　　　b) 焊缝在接头的非箭头侧

c) 对称焊缝　　　　d) 双面焊缝

图6-11　基本符号与基准线的相对位置

（3）忌交错断续角焊缝符号的焊缝长度与间距标注混淆

原因：交错断续角焊缝符号标注时，若焊缝长度与间距标注混淆，则会造成实际焊缝总长度与实际要求不符，从而影响焊缝的强度，还会影响焊接构件的变形。

措施：标注交错断续角焊缝符号时，严格按 GB/T 324—2008《焊缝符号表示法》的规定进行标注，确保焊缝焊接满足实际要求（见图6-12）。

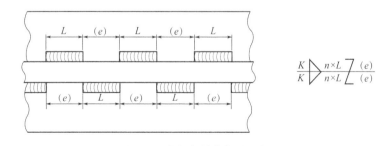

图6-12　交错断续角焊缝的标识

注：L：焊缝长度；e：间距；n：焊缝段数；K：焊脚尺寸。

（4）忌方形垫板等部件周围焊缝符号标注时漏标圆形符号

原因：方形垫板等部件周围焊缝符号标注时，若漏标圆形符号，则会使施焊人员误解，造成焊缝漏焊。

措施：周围焊缝符号标注时需标注齐全，确保焊缝无漏焊（见图 6-13）。GB/T 324—2008《焊缝符号表示法》规定，当焊缝围绕工件周边时，可采用圆形的符号。

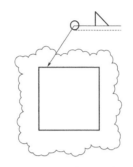

图 6-13　周围焊缝的标注

（5）忌漏标现场焊缝符号

原因：在压力容器制造过程中，有些焊缝需要在现场进行施焊，若图样中漏标现场焊缝符号，造成需现场施焊的焊缝提前焊接完成，则会增加现场作业难度，延长施工工期或增加制造成本。

措施：对于需现场施焊的焊缝，一定要标注现场焊缝符号。若漏标，应及时与设计人员进行沟通确认。GB/T 324—2008《焊缝符号表示法》规定，用一个小旗表示野外或现场焊缝（见图 6-14）。

图 6-14　现场焊缝的标注

第 7 章

焊接应力和变形

焊接应力和变形是金属结构经过局部加热熔化－凝固过程产生的，也是焊接工艺的固有属性，与焊接工艺、拘束程度以及金属材料等因素有关。特别地，在结构形式、材料确定的条件下，焊接工艺对焊接应力和变形具有决定性影响，不合理的焊接工艺会产生较大的应力和变形、甚至产生裂纹。本章总结了特种焊接过程中减小焊接残余应力和变形以及抑制、矫正变形的一些措施。

7.1　焊接残余应力和变形

（1）忌承压设备焊接结构形式选用不合理

原因：焊接结构件一般存在刚性大、截面尺寸突变、结构有不可避免的棱角、应力集中等情况，从而导致焊后结构残余应力及变形量大、易产生裂纹和发生脆性破坏、结构承载力降低、增加矫形成本及降低生产效率等问题的产生。特别是对于特种设备而言，附加弯曲应力还可能诱发重大安全事故。

措施：焊接结构在满足工作应力的条件下，应尽量采用薄壁材料，减少焊缝数量，选用对称截面；合理布置焊缝，减少非对称焊缝的数量。

减小焊接结构的整体刚性，选择传力截面和焊接结构形式时，尽量使应力均匀分布，不同截面的焊接接头应尽可能地平缓过渡；受力较大的管座焊缝采用加强管座；设计并采用应力较小的焊接坡口；T形接头开坡口焊接；少用搭接接头。焊接接头尽可能地避免温差变化较大和腐蚀性较强的部位，焊接接头尽量布置在易于实施消应力处理的部位。

（2）忌焊缝布置不合理

原因：如果焊缝布置密集或交叉，则焊缝存在较大的应力集中现象；若布置在弯头上，则焊缝位置不易焊接，易产生缺陷，形成应力集中；如果管孔布置在焊缝、热影响区和热影响区重合的部位，则会导致焊接结构焊后变形大、焊接残余应力大和产生多向应力，易引起焊接裂纹和脆性破坏。对于特种设备而言，焊缝布置不合理引起的附加弯曲应力还有可能引起重大安全事故。

措施：焊缝布置应满足相关标准和规程要求，将焊缝布置在易于焊接、热处理和检测的位置。尽可能将焊缝布置在非应力集中或应力集中小的区域以及结构刚性小的区域,避免焊缝布置密集;尽可能避免焊缝交叉尤其是立体交叉的焊缝;避开弯头和封头等区域,管座、仪表管等管孔尽量避开母管上焊接接头。尽量选用对接接头,减少角接接头;尽量采用开坡口的角接接头,选择在薄壁件上加工角接坡口;选用对称的焊缝截面坡口,尽量减小焊缝金属的填充量;选用适中的焊缝长度。

(3)忌坡口形式选择不合理

原因:当焊接结构刚性和厚度较大,坡口形式选择单 V 形坡口时,会使焊缝截面不对称、组对间隙大、焊缝金属填充量大,导致焊接接头存在较大的焊接应力与焊接变形,极易产生裂纹缺陷,影响产品质量,甚至引发安全事故。

措施:为了保证焊件焊透及熔合良好,选择坡口时除应考虑被焊工件的厚度、焊接位置及焊接工艺的影响外,还要保证焊材和焊枪的可达性;同时,还要考虑以下因素。

1)填充材料尽量少:相同厚度板对接时,由于 X 形坡口比单面 V 形坡口的填充量小,比 U 形或双 U 形坡口的填充量更小,故可节省焊接材料,降低焊接残余应力。

2)坡口应容易加工:V 形和 X 形坡口加工较为容易,U 形、双 U 形坡口加工相对复杂。

3)要有利于控制焊接变形:X 形坡口比单面 V 形坡口的焊接变形小、焊接内应力也相对较小,U 形和双 U 形坡口焊接变形更小、焊接内应力也相对较小。

除上述因素外,坡口选择还应考虑方便焊接施工,提高工效,降低成本。

(4)忌装配和焊接顺序选择不合理

原因:焊接结构装配顺序不正确,会造成以下问题。

1)会导致某些位置的焊缝焊接比较困难,有的甚至完全无法焊接,这样既降低了焊接结构的强度,又会影响焊接结构的气密性。

2)会导致焊件产生较大的焊接变形或焊接内应力,有时还会产生裂纹等缺陷,不但降低了结构的焊接质量,严重时甚至会导致焊接结构报废。

3)当焊接结构的材质为奥氏体不锈钢时,如果焊接顺序不正确,就会使与介质直接接触的焊缝在焊接完成后,因受到后焊焊缝热的影响,增大晶间腐蚀倾向,从而降低焊接结构的耐蚀性,影响焊接质量,甚至还会造成事故。

措施:

1)装配顺序应遵循不造成焊接困难和没有无法焊接的焊缝的原则。

2)焊接顺序应遵循减小焊接变形及焊接残余应力的原则,一般采用以下措施来控制。

① 由焊缝中间向两端同时焊接。

② 采用分段退焊法、分区跳焊法等。

③ 先焊收缩量较大的焊缝,后焊收缩量小的焊缝。

④ 大型焊接结构焊缝数量较多时,先焊短焊缝,再焊长焊缝。

⑤ 不对称焊缝截面先焊焊缝金属填充量小的一侧,再焊填充量大的一侧。

⑥ 筒体焊缝先焊纵向、后焊横向。

⑦ 丁字交叉焊缝先焊"I"焊缝，后焊"一"焊缝。

⑧ 平行焊缝尽量同时同方向焊接。

（5）忌焊接结构装配时采取强力组对

原因：坡口强力组对，增加了结构的焊接残余应力，易引起接头产生裂纹、脆性破坏、应力腐蚀等。另外，坡口强力组对会使焊接结构的形状改变，造成焊接结构产生局部的塑性变形，导致焊接结构返修，甚至报废。

措施：装配前，应精确计算焊接结构中焊缝的收缩量，提高装配和机械加工的精度。除设计要求的冷拉焊接接头外，整个组装过程中禁止强力组对，当任一焊接接头自由组对不能满足标准规范要求时，可按标准规范要求适当增加焊缝。

（6）忌定位焊缝的数量和强度不足

原因：构件装配时的定位焊数量不足，接头的刚性小，焊接过程中无法限制焊接变形；若定位焊缝尺寸小、强度不足时，极易将定位焊缝拉裂，失去定位作用；严重的会使焊接结构产生变形和焊缝内形成缺陷，造成焊接结构尺寸精度和质量不合格，焊接结构承载能力降低，增加矫形成本，降低生产效率，使焊接结构形成安全隐患。

措施：按 GB 50755—2012《钢结构工程施工规范》的有关规定执行。

1）定位焊焊缝的厚度不应小于 3mm，不宜超过设计焊缝厚度的 2/3 且不超过 8mm；长度宜不小于 40mm 和接头中较薄部件厚度的 4 倍；其间距宜为 300 ~ 600mm。

2）定位焊缝与正式焊缝应具有相同的焊接工艺和焊接质量要求。多道定位焊焊缝的端部应为阶梯状。采用钢衬垫的焊接接头，定位焊宜在接头坡口内进行；定位焊焊接预热温度宜高于正式施焊预热温度 20 ~ 50℃。

根据 SH/T 3520—2015《石油化工铬钼钢焊接规范》有关规定，熔入永久焊缝内的定位焊缝应符合以下要求。

1）定位焊缝应有评定合格的焊接工艺，焊工应按照 TSG Z6002—2010《特种设备焊接操作人员考核细则》的规定取得相应资质。

2）定位焊缝的长度、厚度和间距应能保证在正式焊接过程中不开裂。

3）管道对接定位焊缝每道坡口不少于 2 处，焊缝的长度以 10 ~ 15mm 为宜，厚度不超过壁厚的 2/3。

4）定位焊缝应平滑过渡到母材，焊缝两端磨削成斜坡并保证焊透及熔合良好，且无气孔、夹渣等缺陷。

5）定位焊缝应均匀分布，正式焊接时，起焊点应在两定位焊缝之间。

6）定位焊缝尺寸的推荐值宜符合表 7-1 的规定。

表 7-1　定位焊缝尺寸推荐值

焊件厚度/mm	焊缝厚度/mm	焊缝长度/mm	间距/mm
≤20	≤壁厚的 70%，且≥6	>20	≤500
>20	≥8	>30	

（7）忌焊接工艺选择不合理

原因：焊接工艺是指焊接过程中一整套的工艺程序及技术规定，包括焊接方法、焊接设备、焊接材料、焊接顺序、焊前准备、焊前预热、层温控制、焊接操作、焊接参数及焊后热处理等技术规定。如果焊接工艺选择不合理，就会使产品的焊接质量得不到保证，产品的制造质量达不到相关技术标准的要求，轻者造成返工，增加了制造成本，严重时甚至会导致产品报废。

措施：焊接工艺的选择应根据被焊工件的材质、厚度、焊件结构形式及焊接性能进行选择，并经焊接工艺评定验证合格后，最终确定用于产品的焊接工艺。

7.2 矫正措施

（1）忌去应力处理方法选用不合理

原因：复杂焊接结构的变形，如果选用不合理的局部去应力处理、去应力热处理工艺参数，那么错误地加热"减应区"部位、低温去应力处理加热区，以及奥氏体类钢与铁素体类钢焊接接头去应力热处理等，将导致应力分布更复杂甚至最大应力峰值增加，引起脆性破坏，严重的还会产生裂纹等，导致构件报废、返修和安全隐患，造成重大经济损失与安全事故。

措施：准确分析结构特点、材料特点和焊接残余应力形成与分布，选择合适的去应力处理方法和工艺，严格按照去应力处理工艺措施实施，并加强实施过程中的质量监督。

（2）忌反变形量设定不合理

原因：为了防止结构焊后变形，有时会在焊接前预先进行反变形的设定。但往往由于核算的变形量不精确，反变形量设定过大或者过小，或者是焊接顺序不合理、热输入过大等原因，所以焊接完成后，反变形未完全消除，使预先设定的反变形没有达到预期的效果。反变形设定失败，不仅增加了焊接结构矫正成本，降低生产效率，严重时还可能导致结构的报废。

措施：焊接结构的反变形量设定应根据焊接结构的形状、尺寸、焊缝填充量、焊接工艺、结构刚性以及材料的线膨胀系数正确估算并预留反变形量。大型结构件还应考虑自重影响，设定必要的支撑和刚性固定装置；同时，还要考虑焊接过程中断对变形量的影响。储罐底板强制反变形措施如图 7-1 所示。

（3）忌加热矫正变形方法火焰选择错误

原因：焊接结构件矫正变形时，没有根据焊接结构形式和焊接变形规律来选择加热方式与加热部位，结果变形矫正目的没达到、甚至造成变形量增大、产生淬硬组织等。严重者，矫正采取了非中性火焰加热还会引起渗碳或氧化腐蚀。

对于加热后性能变化较大的钢材，如冷作硬化、淬硬性较大、控轧控冷、调质处理和再热裂纹倾向大等钢材或厚度大的重要结构，选择火焰加热矫正方法容易引起钢材的性能变

图 7-1　储罐底板强制反变形措施

差、内应力增大，严重的会导致焊接接头产生裂纹等缺陷。

以上错误的火焰矫正，容易导致焊接结构件报废，有淬硬组织的结构易引起脆性破坏、引发安全事故。

措施：正确分析焊接结构件的变形规律，准确选择加热部位和范围，并且采用中性火焰加热。总之，要了解不同加热方式（点状、线状和三角形）的特点、适用范围和作用，准确选择加热方式。制定适宜的热矫正工艺时，应根据结构形式、刚性以及材料特性，选择水火矫正、力火矫正等方法，必要时预先对矫正工艺进行工艺评定。

（4）忌薄壁容器筒体与接管焊接不采取防变形措施

原因：由于薄壁容器自身的拘束能力较小、刚性小，因此其抗弯曲变形的性能较低，在焊接过程中因受局部重复受热和冷却的影响而产生的焊接应力与变形，矫正起来较为麻烦，增加了制造成本。

措施：焊接前，在后焊接侧采用刚性固定或打支撑等防变形措施，待焊缝焊完且完全冷却后再去除。

（5）忌对具有淬硬倾向钢种的第一层焊缝和盖面焊缝不采取相应的去应力工艺措施

原因：对于具有淬硬倾向的钢种构件的底层焊道一般不推荐用锤击法，否则可能会因其焊道较薄、强度不足，锤击不当而导致根部产生裂纹。若裂纹未及时被发现，则易被下层焊道的焊接所掩盖。也不推荐对完成的表面层焊道进行锤击，否则可能会促成表面层焊道因锤击而产生表面冷作硬化，出现裂纹倾向，同时也影响焊缝表面美观效果。

措施：采取合理的焊接顺序和预热，尽量减小焊接热输入，从而减小焊件的拘束度和刚度。

（6）忌奥氏体不锈钢材料焊接变形选用火焰加热矫正

原因：奥氏体不锈钢焊接时要注意控制层间温度，切忌对焊件重复加热，特别是加热温度在450~850℃的危险温度区或者是在这个温度区间长时间停留，容易造成475℃脆化，增大晶间腐蚀倾向，影响焊件的强度和耐蚀性，造成安全隐患。

措施：为了避免产生晶间腐蚀，易采用机械矫正法（液压千斤顶、矫直机和锤击等方法）进行变形的矫正。

（7）忌非奥氏体不锈钢材料焊缝采用水冷法降温

原因：除奥氏体不锈钢外的其他材质，在焊接过程中用水冷却，就相当于经历了一个淬火过程，会使焊缝硬度增加、韧性减小，导致拉伸时焊缝易发生脆断。

措施：焊接过程中可通过风冷和自然冷却进行降温，达到降低焊接应力和变形的目的。

第8章

焊接工艺评定

焊接工艺评定（Welding Procedure Qualification，简称 WPQ）为验证所拟定的焊件焊接工艺的正确性而进行的试验过程及结果评价。焊接工艺评定是保证质量的重要措施，通过焊接工艺评定，确认为各种焊接接头编制的焊接工艺指导书的正确性和合理性，检验按拟定的焊接工艺指导书焊制的焊接接头的使用性能是否符合设计要求，并为正式制定焊接工艺指导书或焊接工艺卡提供可靠的依据。焊接工艺评定是国家质量技术监督机构在工程审验中必检的项目，是保证焊接工艺正确和合理的必经途径，也是焊接接头的各项性能符合产品技术条件和相应标准要求的重要保证，还能够在保证焊接接头质量的前提下尽可能提高焊接生产效率，最大限度地降低生产成本，从而获取最大的经济效益。

8.1 焊接工艺评定原理

（1）忌借用其他单位焊接工艺评定

原因：焊接工艺评定的目的如下。

1）验证某一个焊接工艺是否能够获得符合要求的焊接接头，以判断该工艺的正确性、可行性，而不是评定焊接操作人员的技艺水平。评价施焊单位是否有能力焊出符合国家或行业标准、技术规范所要求的焊接接头。

2）验证施焊单位所拟订的预焊接工艺规程（pWPS）是否正确。

根据焊接工艺评定报告编制的焊接作业指导书与产品特点、制造条件及人员素质有关，每个单位都不完全一样。如果将其他单位的焊接工艺评定直接用于指导自己单位的焊接施工，就验证不了该施焊单位的施焊能力，以及所制定的焊接工艺的正确性。

措施：根据 NB/T 47014—2011《承压设备焊接工艺评定》有关规定，焊接工艺评定应在本单位进行；焊接工艺评定所用设备、仪表应处于正常工作状态，金属材料、焊接材料应符合相应标准，并由本单位操作技能熟练的焊接人员使用本单位设备焊接试件。不允许"照抄"或"输入"外单位的焊接工艺评定。

（2）忌用焊缝性能代替焊接接头的工艺性能

原因：焊接接头是由两个或两个以上零件用焊接组合或已经焊合的接点，焊接接头分为焊缝区、熔合区、热影响区。焊缝是指焊件经焊接后所形成的结合部分，检测焊接接头性能需要考虑焊缝、熔合区、热影响区甚至母材等不同部位的相互影响。如果用焊缝性能代替焊接接头性能，则只能验证焊缝的性能，而不能验证熔合区（一般是接头性能最薄弱的区域）、热影响区及母材等不同部位的性能，甚至导致出现质量事故。

措施：焊接工艺评定是产品施工焊接前，用试件上焊接接头的各项性能指标来验证所拟定的焊接工艺的正确性，而焊接接头的各项性能则由焊接工艺来决定。

（3）忌现场焊接工艺规程照搬焊接工艺评定

原因：焊接工艺评定是验证所拟定的"预焊接工艺规程"的正确性和合理性，判断接头力学性能是否能够满足设计要求，是在相对较为完善的焊工、焊接材料、设备、焊接环境下完成的，其与实际的施焊环境、施工条件有一定差别，不能够完全重现现场实际生产条件，不是也不能代替现场焊接过程中的实际条件，如现场的施工环境、焊工技能水平、焊件组对状况等。

措施：现场的焊接工艺必须由具有一定专业知识、丰富实践经验的焊接工艺人员，根据材料的焊接性能，结合产品结构特点、制造工艺条件和施工管理情况，并依据焊接工艺评定报告，结合设计文件、标准规范、施工条件等来制定。

（4）忌把焊接工艺评定等同于焊工技能评价

原因：焊接工艺评定是证明拟定的"预焊接工艺规程"的正确性和合理性，同时由该施工单位设备机具、熟练焊工进行焊接，兼顾验证该施工企业的焊接能力。试验项目重要目的之一是验证焊接接头的性能是否符合要求。

特种设备焊工考试取证是行政许可行为，性质是"资格"考试，主要是表明焊工是否具备从事特种设备焊接施工作业要求的技能水平和能力。考试检测项目针对焊工所焊接获得焊缝相关性能和指标是否达到设计要求的水平；焊机操作工同时测定操作焊机机械部分的能力。

焊工技能考试的目的，是要求焊工按照评定合格的焊接工艺焊接出没有超标缺陷的焊缝，而焊接接头的使用性能由评定合格的焊接工艺来保证。焊工操作技能评定试验是在某种已知材料和拥有合格焊接工艺的前提下，让焊工或者焊接操作工按照要求焊接，以检查焊工的技能水平。

措施：焊接工艺评定时，要求焊工技能熟练以排除焊工操作因素干扰进行焊接工艺评定试验操作，重点在于确定焊接接头的使用性能，不在于评定焊工的操作技能。而进行焊工技能评定时，则要求在焊接工艺正确以排除焊接工艺不当带来干扰的基础上，通过试验来评定焊工的技能水平和能力，重在评定焊工的操作技能水平和能力，二者不能混为一谈。

（5）忌用焊接工艺评定替代材料焊接性能试验

原因：焊接工艺评定的目的是验证"预焊接工艺规程"的正确性和合理性，验证产品焊接接头是否满足使用要求，验证施焊单位是否具备产品焊接能力。材料焊接性试验只是验证焊接方法对金属材料的适应性、焊接材料的匹配性，从而合理地选择预热温度、层间温度、焊接热输入，以确定材料工艺焊接性及使用焊接性是否达到技术条件的要求。由此可见，焊接工艺评定与焊接性试验的目的、试验方法以及各自的作用都不相同，不能互相替代。

材料的焊接性试验是非常重要的，是焊接工艺规范制定的重要基础，也是产品设计、施工准备及拟定焊接工艺的重要依据。没有掌握钢材的焊接性能就很难拟定出合适的焊接工艺并进行评定。由于压力容器、管道等承压设备用途广泛、服役条件复杂，因而焊接接头的使用性能是多种多样的，如果不了解材料的焊接性能，就很难保证材料的焊接质量和接头的使用性能。

措施：根据 NB/T 47014—2011《承压设备焊接工艺评定》有关规定，焊接工艺评定应以可靠的材料焊接性为依据，材料的焊接性能是焊接工艺评定的基础，只有在焊接工艺评定开始前，掌握了材料的焊接性、材料的匹配情况以及焊接参数，才能拟定出较为完整的、切合实际的预焊接工艺规程。

8.2　焊接工艺评定试验

（1）忌焊接工艺评定中仅检测焊缝区域

原因：在焊接工艺评定试件制作过程中，不仅是母材和焊接材料在液态下混合形成，整个焊接接头（焊缝区、熔合区、热影响区）性能均发生了改变。特别是热影响区，由于受焊接热循环的影响，所以该区域组织和性能会产生很大的变化。

措施：焊接工艺评定评价的不仅是焊缝区的组织和性能，而是整个焊接接头的组织和性能。因此，焊接工艺评定试验应根据相关的测试标准和规定，测试评定整个接头的组织和性能，切忌仅检测焊缝区域而不关注焊接接头其余部分的组织和性能。

（2）忌忽视焊接工艺评定试件裂纹

原因：在施工现场实际焊接中，通常将焊缝外观成形及无损检测评级作为焊缝质量判定的标准，但在焊接工艺评定试件试验中，根据 NB/T 47014—2011《承压设备焊接工艺评定》中的有关要求，焊接工艺评定试件只要求"外观检查及无损检测结果不得有裂纹"，对焊缝外观成形及无损检测评级没有要求。

焊接过程中外观成形不良、气孔、夹渣等缺陷，通常因焊工操作技能不高而引起。焊接裂纹产生的原因复杂，涉及母材的焊接性、母材与焊接材料匹配性、结构的刚性及其拘束度，以及焊接工艺等关键因素。

措施：焊接工艺评定试件焊接完成后，在外观检查及无损检测中，如发现有裂纹缺陷，则不允许选择避开缺陷制取焊接工艺评定拉伸、弯曲、冲击等力学性能测试试件。有裂纹缺陷的试件必须全部废弃，并分析裂纹产生的原因，重新进行焊接工艺评定及其试验验证。

（3）忌仅检验组合焊接工艺评定其中一种焊接方法获得接头的性能

原因：组合焊接工艺评定试件焊接接头检验试验过程中，如采用的取样及检验方法不合理，就不容易检测到每一种焊接工艺的焊接部位，特别是在壁厚较大的焊接工艺评定试件检测中尤为常见。例如，当采用氩电联焊进行厚度为50mm试件的焊接工艺评定时，氩弧焊打底厚度为3mm，焊条电弧焊焊接厚度为47mm，如果制取冲击试样时，取样位置靠近焊缝表面，冲击试验只能验证焊条电弧焊接头的冲击性能，无法验证氩弧焊接头的冲击性能。这样容易误认为焊缝的所有部位冲击值合格，就会给产品的焊接质量留下隐患，在产品使用过程中很可能发生开裂。

措施：NB/T 47014—2011《承压设备焊接工艺评定》中规定，"当试件采用两种或两种以上的焊接方法（或焊接工艺）时，拉伸试样和弯曲试样的受拉面应包括每一种焊接方法（或焊接工艺）的焊缝金属和热影响区；当规定做冲击试验时，对每一种焊接方法（或焊接工艺）的焊缝区和热影响区都要接受冲击试验的检验。"

组合焊接工艺评定厚壁试件，弯曲试样应选取侧弯试样，冲击试样可根据每种焊接方法单独制备或与其他焊接方法组合制备。

（4）忌焊接工艺评定试件取样过程中随意使用热加工方法

原因：采用热加工方法直接制取试样时，热加工区域温度远超过焊接接头的相变温度，对其焊接接头周围的组织及性能将产生较大影响。热校平时，也相当于对焊接接头进行了一次短暂的热处理。热加工方法对有些材质的焊接接头组织和性能产生的影响是不可逆的。

措施：焊接工艺评定试件取样过程中不可随意使用热加工方法。NB/T 47014—2011《承压设备焊接工艺评定》中规定，"取样时，一般采用冷加工方法，当采用热加工方法取样时，则应去除热影响区"；另外，"试样去除焊缝余高前允许对试样进行冷校平"。

（5）忌混淆钢制母材与有色金属焊接工艺评定合格指标

原因：拉伸试验合格指标为"本标准规定的母材抗拉强度最低值"，并非母材制造标准中的抗拉强度下限值。除钢制母材抗拉强度最低值规定为母材制造标准中的抗拉强度下限值，其余铝、钛、铜、镍等有色金属材料均与母材制造标准中的抗拉强度下限值有所区别。弯曲试验中，不同材质的弯曲试验条件及参数（弯心直径、支承辊之间的距离等）均有所不同。不同类型材料弯曲试验弯心直径等条件依据NB/T 47014—2011《承压设备焊接工艺评定》有所不同，见表8-1。

表8-1　拉伸试验合格指标（摘自 NB/T 47014—2011《承压设备焊接工艺评定》）

母材种类	拉伸试验合格指标
钢制母材	≥标准规定的抗拉强度下限值
铝制母材	Al-1、Al-2、Al-5：≥退火状态标准规定的抗拉强度下限值 Al-3；6A02、6061≥165MPa；6063≥118MPa
钛制母材	≥退火状态标准规定的抗拉强度下限值
铜制母材	≥退火状态与其他状态标准规定的抗拉强度下限值
镍制母材	≥退火状态或固溶状态标准规定的抗拉强度下限值

措施：NB/T 47014—2011《承压设备焊接工艺评定》中要求，钢制母材、有色金属的拉伸、弯曲试验中，试验方法及合格指标有一定差异，应注意区分，切忌混淆。

8.3　焊接工艺评定程序

(1) 忌承压设备无焊接工艺评定施焊

原因：焊接工艺评定的目的：一是验证所拟定焊接工艺的正确性，二是验证施焊单位是否具有焊接出符合设计要求的焊接接头的能力。承压设备制造过程中如果无焊接工艺评定支持进行施焊，则焊接材料的选择、焊接参数、预热、后热、层间温度的控制、焊后热处理等就会只凭经验或盲目选择确定，严重影响承压设备的焊接质量，存在很大的安全隐患，甚至可能导致事故的发生。

措施：TSG 21—2016《固定式压力容器安全技术监察规程》规定，"压力容器产品施焊前，受压元件焊缝、与受压元件相焊的焊缝、熔入永久焊缝内的定位焊缝、受压元件母材表面堆焊与补焊，以及上述焊缝的返修焊缝都应当进行焊接工艺评定或具有评定合格的焊接工艺规程（WPS）支撑"，必须在焊接产品施焊前完成。

(2) 忌焊接工艺评定不按编制、审核、批准程序执行

原因：一份焊接工艺评定报告，可以用于本单位符合该报告要求的任一产品的焊接，并不只是针对某一特定产品的焊接或某一特定焊接接头。因此，焊接工艺评定的编制、审核、批准均必须由单位层面执行，而不是由某一产品小组或某一技术小组执行。

例如，某单位产品小组负责的某容器焊接施工前需进行焊接工艺评定，焊接工艺评定报告由此产品小组成员 A 审核、组长 B 批准，这是不合规的。

措施：焊接工艺评定编制、审核、批准人员，应对本单位焊接工艺评定负责。TSG 21—2016《固定式压力容器安全技术监察规程》规定，监督检验人员应对焊接工艺评定过程进行监督；焊接工艺评定完成后，焊接工艺评定报告和焊接工艺规程应由制造单位焊接责任工程师审核、技术负责人批准，经过监督检验人员签字确认后存入技术档案。

(3) 忌焊接工艺评定超出相关标准规范规定

原因：焊接工艺评定试件焊接，是验证已有的成熟焊接工艺执行的过程，并不是焊接新工艺试验、新材料研发。焊接工艺评定的目的是通过焊接工艺试验及结果评价过程，验证所拟定的焊件焊接工艺的正确性。

例如，NB/T 47014—2011《承压设备焊接工艺评定》中规定，在冷裂纹敏感性较大的低合金钢焊接时，应采取后热措施。焊接工艺评定试件焊接过程中，一般施焊条件较好，有些情况下，不采取后热措施，也能获得合格的焊接工艺评定试件。但这种情况下得出的焊接工艺评定，严禁用于指导实际焊接施工。因为在环境条件恶劣或接头组对不良时，这种焊接工艺在实际工程施工中极易出现裂纹缺陷，造成重大质量事故。

措施：焊接工艺评定不得超出标准规范的相关规定。焊接工艺评定试件焊接前，拟定的

焊接工艺，即预焊接工艺规程，必须综合考虑焊件焊接执行的各项标准规范和设计要求。

（4）忌混淆焊接工艺评定、预焊接工艺规程和焊接工艺规程

原因： 预焊接工艺规程是"为进行焊接工艺评定而拟定的文件"，是焊接工艺评定的基础。焊接工艺规程是"根据合格的焊接工艺评定报告编制的、用于产品施焊的焊接工艺文件"，是焊接工艺评定的结果。两者制定时间不同，预焊接工艺规程必须在焊接工艺评定试件焊接之前，用于指导焊接工艺评定试件焊接，通过焊接工艺评定结果对预焊接工艺规程进行评价。焊接工艺规程在焊接工艺评定试件检测合格并出具焊接工艺评定报告之后，用于指导焊接产品的施焊。

措施： 预焊接工艺规程和焊接工艺规程，两者的内容不同，不可混淆。焊接工艺规程是指导本企业焊接生产的必要工艺文件，其内容必须符合企业的生产实际，并依据合格的焊接工艺评定报告进行编制，以证实其正确性和合理性。

（5）忌焊接工艺评定未检测合格，出具预焊接工艺规程

原因： 焊接工艺评定试件焊接前，必须编制预焊接工艺规程，按预焊接工艺规程中的工艺、要求施焊，并经过相应的检测项目验证合格后，方可证明拟定的预焊接工艺规程的正确性，并成为焊接工艺评定规范制定的依据和基础。未经检测合格的焊接工艺评定试件，其对应的预焊接工艺规程没有任何意义，也无实际指导作用，应作无效处理。

措施： 焊接工艺评定试件焊接前，只需完成预焊接工艺规程的编制程序，待焊接工艺评定试件检测合格后，方可与焊接工艺评定报告同时完成审核、批准程序。

8.4 焊接工艺评定制作

（1）忌焊接工艺评定的施焊材料与预焊接工艺规程不符

原因： 预焊接工艺规程是依据产品的设计或图样要求而编制的，用于指导进行焊接工艺评定的工艺文件。如果在焊接工艺评定试件焊接过程中，不按照预焊接工艺规程规定的焊接材料施焊，预焊接工艺规程中的焊接材料选择就得不到验证，所做的焊接工艺评定将不能作为焊接工艺规程制定的依据，从而造成实际产品的焊接质量存在很大的隐患，甚至导致产品报废或发生安全事故。

措施： 焊接工艺评定试件施焊前，应严格对照预焊接工艺规程中母材、焊材的具体牌号、规格等，焊接过程中必须用预焊接工艺规程中规定的焊接材料进行施焊。预焊接工艺规程、焊接工艺评定报告、焊接工艺规程中的焊接材料型号与规格必须完全一致。

（2）忌焊接工艺评定制作不按照预焊接工艺规程施焊

原因： 焊接工艺评定试件的检测结果，可以验证拟定的预焊接工艺规程的正确性。如不按照预焊接工艺规程规定的参数施焊，将无法验证拟定的预焊接工艺规程的正确性，就会导致依照焊接工艺评定报告而编制的焊接工艺规程，应用到实际产品的施焊中，使产品质量得不到保障，留下安全隐患，甚至会发生事故，造成不必要的损失。

措施：预焊接工艺规程是指导进行焊接工艺评定的工艺文件，实际焊接工艺评定试件焊接过程中，应严格按照预焊接工艺规程的参数要求进行施焊，经检测合格后，形成焊接工艺评定报告，可根据焊接工艺评定报告，编制焊接工艺规程；否则，应重新修正预焊接工艺规程的参数，并重新进行焊接工艺评定。

（3）忌焊接工艺评定制作追求最佳工艺性能

原因：焊接工艺评定的主要目的是验证所拟定焊接工艺的正确性，并考核验证焊接施工单位是否具有焊接出符合设计要求的焊接接头的能力，而不是优化焊接参数获得最佳的工艺性能和接头性能。在焊接工艺评定制作过程中，许多单位为了获得优良的焊接接头性能，往往选用较为严格的焊接参数，追求最佳的焊接工艺，将焊接工艺评定中的焊接参数固定在一个较窄的范围内，从而限制住实际产品施焊时焊接参数的选择范围，这样不仅影响焊接效率，而且增加产品制作成本。

措施：在焊接工艺评定制作过程中，一味追求最佳的工艺性能没有太大意义。焊接工艺评定制作时，要综合考虑多种工况，制定更为合理的焊接工艺，在焊接接头工艺性能符合规范要求的情况下，宜选用较大的焊接参数范围。

（4）忌焊接工艺评定制作参数选择、记录不全面

原因：焊接工艺评定制作中，重要因素和补加因素等相关数据的选择及记录，直接影响到焊接工艺评定适用的工艺参数范围。例如，奥氏体不锈钢焊接时，道间温度不可超过150℃。奥氏体不锈钢焊接工艺评定制作时，如实际最大道间温度为70℃，按 NB/T 47014—2011《承压设备焊接工艺评定》要求，道间温度的允许变动范围为实际值 ±50℃，则选用此焊接工艺评定指导焊接产品施焊时，道间温度不得超过70℃ +50℃ =120℃，这就限制了焊接产品施焊效率。因此，在焊接工艺评定试件施焊时，尽量使道间温度控制在 100 ~ 150℃之间，这样实际产品施焊时，道间温度不超过150℃，即可施焊。

措施：焊接工艺评定制作中，在标准规范及设计文件规定值内，考虑焊接工艺评定的覆盖范围进行参数的选择及记录，重要因素和补加因素涉及的工艺参数必须选择恰当、记录完整。

（5）忌焊接工艺评定制作试件数量不足

原因：焊接工艺评定试件在焊接过程中，由于受焊接热循环的影响，故试样不同位置的力学性能也有所差异，如果焊接工艺评定试件数量不足，就会导致不能按照 NB/T 47014—2011《承压设备焊接工艺评定》的要求进行取样，造成焊接工艺评定试件的性能指标不准确。例如，管状对接焊缝试件，要求冲击试样必须在立焊位置（3 点位置）上取样，如焊接工艺评定试件管径较小，仅焊接 1 个管口，则冲击试样取样位置极易违反取样位置规定。

措施：NB/T 47014—2011《承压设备焊接工艺评定》中对焊接工艺评定试件的数量和尺寸均有明确规定，焊接工艺评定试件制作时，必须制备尺寸和数量充足的试件。如果设计文件有腐蚀等要求时，还需按照设计文件和相关规范进行腐蚀试验等。

8.5　焊接工艺评定的应用

（1）忌将焊接工艺评定等同于焊接产品试件

原因：近年来，要求焊接工艺评定与焊接产品完全相同的情况时有发生，这就是混淆了焊接产品试件与焊接工艺评定的基本概念。

焊接工艺评定是验证所拟定焊接工艺的正确性和施焊单位的焊接能力，可适用于本单位的任一符合焊接工艺评定覆盖要求的焊接接头，具有广泛适用性。执行标准为 NB/T 47014—2011《承压设备焊接工艺评定》。

焊接产品试件及评定过程体现了产品施焊中的焊接工艺执行情况，与实际产品焊接同时进行，必须由取得相应资质的焊工或操作工进行焊接，即实际产品焊接工艺的模拟件，也是产品实际焊接工艺的再现，只对当次承压设备焊接具有代表性。执行标准为 NB/T 47016—2011《承压设备产品焊接试件的力学性能检验》，如在球罐、长输管道施焊时，TSG 21—2016 和设计文件中常有焊接产品试件的要求。

措施：根据 GB 150—2011《压力容器》的规定，压力容器施焊前，受压元件焊缝、与受压元件相焊的焊缝、熔入永久焊缝内的定位焊缝、受压元件母材表面堆焊与补焊以及上述焊缝的返修焊缝，都应按照 NB/T 47014—2011《承压设备焊接工艺评定》规定进行焊接工艺评定或具有经过评定合格的焊接工艺支持。

产品焊接试件的制备规定如下：

1）A 类容器纵向焊接接头，应逐台制备产品焊接试件。

2）盛装毒性为极度或高度危害介质的容器。

3）材料标准抗拉强度 $R_m \geqslant 540$MPa 的低合金钢制容器。

4）低温容器。

5）制造过程中，通过热处理改善或者恢复材料性能的钢制容器。

6）设计文件要求制备产品焊接试件的容器。

制备产品焊接试件的要求：

1）产品焊接试件应当与产品焊缝时段施焊（球形容器除外）。

2）试件应取自合格的原材料，且与容器用材具有相同的标准、牌号、厚度以及相同的热处理状态。

3）试板应由施焊该容器的焊工，采用与施焊容器相同的条件、过程与焊接工艺（包括施焊及其之后的焊后热处理条件）施焊，有焊后热处理要求的容器，试件一般应当随容器进行热处理，否则应当采取措施保证试件按照与容器相同的工艺进行热处理。

因此，要分清楚焊接工艺评定和焊接产品试件的作用区别对待，不能盲目地将焊接工艺评定和焊接产品试件混为一谈，导致重复使用焊接工艺评定，或者将产品焊接试件的制作过程或执行标准作为焊接工艺评定使用。

（2）忌焊接产品有附加试验要求时，焊接工艺评定随意"代用"

原因：NB/T 47014—2011《承压设备焊接工艺评定》中规定的焊接工艺评定试件检测项目，只有拉伸、弯曲、冲击等常规力学性能项目。因此，焊接工艺评定的覆盖范围，也仅适用于只有拉伸、弯曲、冲击等常规力学性能要求的焊接接头。但当焊接产品有晶间腐蚀、抗硫试验等其他附加试验要求时，原焊接工艺评定覆盖范围将不适用于有附加试验的焊接工艺评定。

措施：当焊接产品有附加试验要求时，焊接工艺评定切忌随意"代用"，应根据设计技术文件的规定，明确检测标准、合格指标等，补充制作附加试验。附加试验合格后，尚应明确附加试验适用的工艺参数范围。

（3）忌焊接工艺评定盲目"以高代低"

原因：NB/T 47014—2011《承压设备焊接工艺评定》中，钢制母材分类：Fe-1、Fe-3主要为强度钢，Fe-4、Fe-5 为铬钼合金钢，Fe-6、Fe-7、Fe-8 为不锈钢。

标准中规定对于 Fe-1 ~ Fe-5A 类材料，高类（组）别号母材相焊的焊接工艺评定合格后，可用于高类（组）别号母材与低类（组）别号母材相焊；两类（组）别号母材相焊的焊接工艺评定合格后，可用于两类（组）别号母材各自焊接。

焊接工艺评定覆盖中，存在很多母材、焊接材料可"以高代低"的情况。焊接产品施焊中"以高代低"的情况也时有发生，尤其是异种钢焊材选用中"以高代低"的情况居多。

焊接工艺评定选用时，不仅需要考虑焊接接头性能，还需要考虑焊接可操作性、经济成本等因素。例如，某一焊接工艺评定，母材为 304 不锈钢与 20 钢，焊材选用 E309-16 焊条，评定合格，该焊接工艺评定既可用于 304 不锈钢母材单独焊接，也可用于 20 钢单独焊接。但实际焊接产品为 20 钢时，并不会选用这个焊接工艺评定，因为 E309-16 焊条焊接 20 钢时，焊缝化学成分与母材不匹配，且不锈钢焊条操作难度大，焊接过程中易出现气孔、裂纹等缺陷。另外，不锈钢焊条成本高，经济性差。

措施：因为焊接接头的性能不仅取决于焊缝的性能，母材、热影响区的性能也有着决定性作用，所以焊接工艺评定或焊接施工中的焊缝性能只要不低于母材即可，不必超过母材过多。当焊缝区域组织、性能与母材差异较大时，也容易在熔合区、热影响区出现缺陷。因此，不建议在焊接工艺评定选用时，盲目采用"以高代低"。

（4）忌焊接工艺评定热处理保温时间未考虑实际产品厚度

原因：焊后热处理保温时间的长短直接决定了热处理效果，并对焊接接头组织性能具有重要影响。保温时间短，焊缝中的氢来不及逸出，应力得不到释放，使热处理达不到预期效果，焊缝的组织性能调整不到位；保温时间长，容易造成焊缝金属晶粒粗大、碳化物析出、集或脱碳层增加等负面效果，使焊缝的强度、蠕变性能、冲击性能等力学性能指标均下降。

如果按照焊接工艺评定试件的厚度计算保温时间，有时就覆盖不了实际产品的厚度范围，造成焊接工艺评定的热处理保温时间与实际产品的热处理保温时间不一致，不能保证产品的质量、焊缝的性能指标符合标准要求。

例如：焊接工艺评定碳素钢试件厚度为40mm，按照NB/T 47014—2011《承压设备焊接工艺评定》规定，不需要热处理时，该评定厚度覆盖范围最大为200mm。实际该焊接工艺评定试件热处理保温时间为1.6h，按照NB/T 47014—2011《承压设备焊接工艺评定》规定，试件保温时间不得少于焊件在制造过程中累计保温时间的80%，则实际产品焊件最长热处理时间为2h，只能用于厚度≤50mm的产品焊件。该评定的最大厚度覆盖范围远远不能达到200mm。

措施： NB/T 47015—2011《压力容器焊接规程》规定，试件的焊后热处理与焊件在制造过程中的焊后热处理基本相同（是指焊后热处理类别相同，焊后热处理的温度范围和时间范围相同）。焊接工艺评定试件热处理时，不能仅考虑焊接工艺评定试件的厚度，必须将实际焊件的厚度及热处理保温时间考虑在内，防止焊接工艺评定热处理工艺，避免在实际产品热处理中不适用的情况发生。

（5）忌将有焊后热处理的焊接工艺评定应用于无热处理焊件

原因： 焊后热处理的作用是消除焊接内应力，降低焊缝硬度，均匀焊缝和热影响区的组织，改善焊缝和热影响区的性能，提高焊缝及热影响区塑性和韧性，以及使焊缝中的扩散氢充分析出等。焊接工艺评定经过焊后热处理以后，其各项性能指标均优于不进行焊后热处理的焊件，如果代用会影响产品的质量，存在安全隐患。

措施： 产品焊接前，在选用已有焊接工艺评定时，焊接及工艺评定报告的所有记录数据，应与产品的设计技术条件相同；否则，不能应用于产品的焊接。

（6）忌承压设备焊接产品有冲击性能要求时，焊接工艺规程超出补加因素范围值

原因： 焊接工艺评定中的重要因素主要影响焊接接头的力学性能和弯曲性能，补加因素主要影响焊接接头的冲击性能。焊接热输入的大小，直接影响到焊接接头冲击性能指标。因此，当焊接产品有冲击性能要求时，焊接工艺规程中的参数，不可超出焊接工艺评定中补加因素的范围要求。

措施： 一般情况下，采用同一焊接方法时，向上立焊位置焊接热输入较大，冲击性能值较低，对焊缝的现场实际工况具有代表性。当焊接接头有冲击性能指标时，一般采用向上立焊位置进行焊接工艺评定，使焊接工艺评定覆盖更为全面。

（7）忌焊接工艺评定有冲击和无冲击要求的互相代用

原因： 焊接工艺评定试件有冲击和无冲击要求时，评定合格的焊接工艺适用于焊件的厚度有效范围是不一样的。

措施： 执行NB/T 47014—2011《承压设备焊接工艺评定》的有关规定。

1）对接焊缝试件评定合格的焊接工艺适用于焊件厚度的有效范围按照表8-2执行。

2）用焊条电弧焊、埋弧焊、钨极气体保护焊、熔化极气体保护焊、等离子弧焊和气电立焊等焊接方法焊接的试件，当规定进行冲击试验时，焊接工艺评定合格后，若材料厚度$T \geq 6mm$时，适用于焊件母材厚度的有效范围最小值为试件厚度T与16mm两者中的较小值；当$T < 6mm$时，适用于焊件母材厚度的最小值为$T/2$。

3）如试件经高于上转变温度的焊后热处理或奥氏体材料焊后经固溶处理时，按照表 8-2 执行。

表 8-2　对接焊缝试件厚度与焊件厚度规定（试件进行拉伸试验和横向弯曲试验）　（单位：mm）

试件母材厚度 T	适用于焊件母材厚度的有效范围		适用于焊件焊缝金属厚度（t）的有效范围	
	最小值	最大值	最小值	最大值
< 1.5	T	$2T$	不限	$2t$
$1.5 \leqslant T \leqslant 10$	1.5	$2T$	不限	$2t$
$10 < T < 20$	5	$2T$	不限	$2t$
$20 \leqslant T < 38$	5	$2T$	不限	$2t$（$t < 20$）
$20 \leqslant T < 38$	5	$2T$	不限	$2T$（$t \geqslant 20$）
$38 \leqslant T < 150$	5	$200^{①}$	不限	$2t$（$t < 20$）
$38 \leqslant T \leqslant 150$	5	$200^{①}$	不限	$200^{①}$（$t \geqslant 20$）
> 150	5	$1.33T^{①}$	不限	$2t$（$t < 20$）
> 150	5	$1.33T^{①}$	不限	$1.33T^{①}$（$t \geqslant 20$）

① 限于焊条电弧焊、埋弧焊、钨极气体保护焊、熔化极气体保护焊。

第9章

金属材料焊接

特种设备制造用的材料主要包括碳素钢、合金钢等钢铁材料和钛合金、镍基合金等有色金属材料以及复合金属材料，不同的材料具有不同的焊接性，适用的焊接工艺也不同。本章针对特种设备常用的碳素钢、低合金钢、高合金钢、钛合金、镍基合金以及复合板等钢铁材料和有色金属材料焊接过程中常见的问题进行梳理，并对一些容易出现的问题进行了分析。

9.1　低碳钢及低合金钢

（1）忌将碳当量值相同或相近的钢材，视为焊接性相同或相近

原因：为便于表达钢材的强度性能和焊接性能，便通过大量试验数据的统计简单地以碳当量来表示。一般来说，随着碳当量的增加，钢材的焊接性会变差，一般当碳当量＜0.4%时，不需要预热（板厚太大时也得预热）。当碳当量＞0.4%～0.6%时，冷裂纹的敏感性将增大，焊接时需要采取预热。碳当量值只能在一定范围内，对钢材概括地、相对地评价其焊接性，因为两种钢材的碳当量值相等，而碳含量不等，碳含量较高的钢材在施焊过程中容易产生淬硬组织，其冷裂倾向显然比碳含量较低的钢材要大，焊接性较差。因此，当钢材的碳当量值相等或相近时，不能看成焊接性就完全相同或者相近。

另外，碳当量计算值只表达了化学成分对焊接性的影响，没有考虑到冷却速度的不同，可以得到不同的组织。当冷却速度快时，容易产生淬硬组织，焊接性就会变差。

影响焊缝金属组织的因素，除了化学成分和冷却速度外，还有焊接热循环中的最高加热温度和高温停留时间等参数，这些因素在碳当量值计算公式中均没有体现出来。

措施：碳当量值相同或相近的钢材不可以视为焊接性一定相同或相近。要结合使用环境、介质、焊接方法及接头形式等要素，综合评定材料的焊接性。

（2）忌重要承压设备采用酸性焊条焊接

原因：酸性焊条的焊接操作性要好于碱性焊条，但碱性焊条获得的焊缝力学性能优于酸性焊条焊缝。由于碱性焊条比酸性焊条焊缝含氢少，所以产生氢裂的危险小，焊接接头的可靠性高，因此压力容器等重要承压设备一般要求采用碱性焊条。NB/T 47015—2011《压力容器焊接规程》规定，压力容器用焊接材料应符合 NB/T 47018—2017《承压设备用焊接材

料订货技术条件》的规定。

措施：一般规定重要的承压设备焊缝要求采用碱性焊条，而非承压设备或承压件，比如底座之类可考虑采用酸性焊条。在承压设备使用酸性焊条时，要充分考虑安全系数，得到工艺验证，并在焊接工艺指导书中写明哪些焊缝可考虑使用酸性焊条。

（3）忌承压设备选用硫、磷含量过高的焊接材料

原因：承压设备多为易燃易爆或盛有危险介质的设备，由于硫、磷元素对金属材料的性能造成较大影响，所以对金属材料中的硫、磷含量提出较高要求。

当钢中的 $w_S > 0.020\%$ 时，由于凝固偏析，Fe-FeS 共晶组织分布在晶界处，在 $1150 \sim 1200℃$ 的热加工过程中，晶界处的共晶体熔化，钢受压时造成晶界破裂，即发生"热脆"现象。硫还会明显降低钢的焊接性能，引起高温龟裂，并在焊缝中产生气孔和疏松，从而降低焊缝的强度。当 $w_S > 0.06\%$ 时，会显著恶化钢的耐蚀性；同时硫还是连铸坯中偏析最为严重的元素。

钢中磷含量高会引起钢的"冷脆"，即从高温降到0℃以下。钢的塑性和冲击韧度降低，并使钢的焊接性能与冷弯性能变差。

措施：NB/T 47018—2017《承压设备用焊接材料订货技术条件》中对承压设备焊接材料熔敷金属的硫、磷含量做出了规定。

1）一般承压设备要求碳素钢及合金钢焊条熔敷金属中 $w_S \leqslant 0.020\%$，$w_P \leqslant 0.030\%$。

2）重要的承压设备要求焊条电弧焊熔敷金属中 $w_S \leqslant 0.015\%$，$w_P \leqslant 0.025\%$。

3）承压设备用气体保护焊丝和填充丝要求熔敷金属中 $w_S \leqslant 0.010\%$，$w_P \leqslant 0.020\%$。

4）承压设备埋弧焊焊接材料要求熔敷金属中 $w_S \leqslant 0.015\%$，$w_P \leqslant 0.025\%$。

（4）忌碳素钢材料焊接时焊道层间温度大于315℃

原因：按照 GB/T 3375—1994《焊接术语》的术语解释，层间温度是道间温度的别称。道间温度是多道焊缝及母材在施焊下一焊道之前的瞬时温度，一般用最高值表示。层间温度过高会引起下一道焊接熔池峰值温度过高、高温停留时间过长，使焊缝金属过烧，焊缝及热影响区晶粒粗大，使焊接接头强度及冲击性能下降。

措施：由于低碳钢材料淬硬倾向小，对层间温度的控制要求相对铬钼钢、不锈钢及特种材料要低，按照 SH/T 3558—2016《石油化工工程焊接通用规范》规定，Fe-1 类材料焊缝最高预热温度及焊接层间不大于315℃，超过这个温度时，Fe-1 类材料焊接接头易出现金相组织粗大、强度下降等现象。

（5）忌焊缝返修超过三次

原因：当焊缝重复返修时，由于焊接次数的增加，焊缝重复受热的影响，造成焊缝及热影响区、过热区的晶粒粗大，使其组织不均匀和力学性能下降；另外，还会产生复杂的应力变化，甚至会产生延迟裂纹，降低了焊缝质量，严重时造成设备报废。

措施：TSG 21—2016《固定式压力容器安全技术监察规程》规定，焊缝的返修应由考试合格的焊工担任，并采用经评定合格的焊接工艺，施焊时应有详尽的返修记录。焊缝同一部位的返修次数不宜超过两次，如超过两次，返修前需经制造单位技术负责人批准，并将返修的次数、部位和返修情况等记入压力容器质量证明文件。返修部位应按照原要求检验合格。

（6）忌大厚壁低碳钢材料容器焊前没有预热

原因： 低碳钢材料在低温环境下，由于焊接接头的冷却速度快，所以冷裂纹倾向增大，特别是大厚度结构的第一道焊缝更容易开裂。预热的作用在于降低焊缝冷却速度，控制接头组织转变，避免在热影响区中形成脆性马氏体，减轻局部硬化，改善焊缝质量，降低应力水平。同时由于预热减缓熔池冷却速度，有利于排气、排渣，故可减少气孔、夹渣等缺陷。

措施： 焊接性良好的低碳钢焊件，一般不需要采取特殊的工艺措施。如果焊接构件壁厚较厚且刚性较大，并处于低温环境下焊接，那么为防止产生较大的焊接应力而造成焊接裂纹和脆性断裂，应考虑采取焊前预热；并且在施焊时，要采取加大焊接电流、降低焊接速度、保持连续焊接及采用碱性焊条等措施。另外，对焊接接头性能要求较高的构件，则在焊后要作回火处理。焊件是否预热应根据钢材的化学成分、板厚、结构刚性、焊接形式、焊接方法、焊接材料及环境温度等综合考虑。

（7）忌低合金钢焊接时焊缝过烧

原因： 过烧是加热温度接近于固相线，当焊接接头在1100℃以上高温停留时间过长时，不仅奥氏体晶粒急剧长大，而且在晶间发生氧化。过烧产生的晶间氧化物，破坏了金属组织的连续性和连接强度，使塑性和韧性显著降低；即使采用热处理等工艺方法，也无法克服过烧造成的后果；粗大的疏松晶粒和有氧化物的晶界在应力作用下还易形成热裂纹。

措施： 焊接时，正确地选用焊接工艺，合适的焊接速度，焊缝金属在高温的停留时间不宜过长。焊后对焊件进行正火处理，以细化晶粒，改善接头性能。如果焊缝金属已产生过烧，其危害很大，应将过烧焊缝清除掉重新进行焊接。

（8）忌低合金钢容器组对时采用十字焊缝

原因： 十字焊缝是筒体对接时，两个筒体的纵缝成一条直线，纵缝和环缝形成十字形焊缝。十字焊缝由于重复受热，会形成一个应力集中区域，使焊缝晶粒粗大，韧性下降，成为整个筒体的一个强度薄弱区，还会产生应力腐蚀裂纹或成为裂纹源。卷管十字焊缝如图9-1所示。

图9-1　卷管十字焊缝

当有缝管和管组对时，如果形成十字焊缝，则会产生三向应力，应力集中和金属过热易引起组织粗大，影响接头力学性能。

措施：根据 GB 150—2011《压力容器》规定，容器筒体组焊时，任何单个筒节的长度不得小于 300mm，不宜采用十字焊缝。如果焊制管件无法避免十字焊缝时，该部位焊缝应经射线检测合格，检测长度不应小于 250mm。

（9）忌低合金钢管道承插焊组对时无间隙

原因：承插焊焊接接头组对时，如果插管段和管件没有留有间隙，焊接完成的焊缝内端部将没有收缩余量。当有物料通过时，管件会出现热胀冷缩，从而使插管端部和管件产生很大的应力，焊缝非常容易开裂，导致物料泄漏。

措施：根据 SH/T 3501—2011《石油化工有毒、可燃介质钢制管道工程施工及验收规范》的规定，承插焊焊接接头组对时，端面间隙以 1～3mm 为宜。但机组循环油、控制油、密封油管道承口与插口的轴向不宜留间隙（见图9-2）。

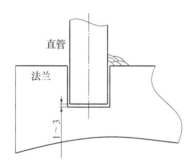

图 9-2　平焊法兰和承插焊的角焊缝

9.2　低温钢

（1）忌低温钢多层多道焊时不同焊道在同一位置引弧、熄弧

原因：焊接引弧和熄弧处是最容易出现焊接缺陷和应力集中的区域，厚壁低温钢采用多层多道焊接时，如果焊接引弧和熄弧位置反复重叠，会引起焊道首尾接头处的缺陷叠加，导致接头处焊接应力集中，影响焊接质量和结构的使用寿命。

措施：SH/T 3525—2015《石油化工低温钢焊接规范》规定，采用多层多道焊时，施焊过程应控制道间温度，各层间、道间焊道首尾接头应错开，一般错开量以 30～50mm 为宜，接弧处应保证熔合良好。

（2）忌低温钢焊接时焊接热输入过大

原因：由于低温钢的碳含量较低，淬硬倾向小，所以焊接接头近缝区具有较好的塑性和韧性。焊接热输入对接头性能影响较大，焊接热输入过大，焊缝和热影响区产生过热组织，使晶粒粗大，焊缝及焊接热影响区组织脆化，导致接头塑韧性下降，严重时出现冷裂纹。

措施：SH/T 3525—2015《石油化工低温钢焊接规范》规定，在焊接工艺评定所确认的焊接热输入范围内，宜选择较小的焊接热输入施焊。焊接应采用窄道焊和多层多道焊。采用多层多道焊时，施焊过程应控制层间温度。对有预热要求的焊接接头，焊缝宜一次焊完，施焊过程中层间温度不得低于预热温度，当中断焊接时，应及时采取后热措施。重新焊接时，应按原要求进行预热。如，9Ni 钢采用镍基焊材时应按焊接工艺评定的要求控制热输入上限，层间温度不应大于 100℃。

(3) 忌非奥氏体低温钢焊接材料未进行熔敷金属扩散氢含量的复验

原因：金属材料焊接时，液态金属中会吸收一定含量的氢，其中一部分在熔池凝固过程中逸出，来不及逸出的氢就留在焊缝中。焊缝中，氢大多以原子或离子状态存在，这些半径相对较小的原子或离子可以在晶格中进行扩散，称之为扩散氢。一部分氢扩散到晶格缺陷、显微裂纹和空隙处，会结合为分子状态并聚集。由于体积变大而不能扩散，故称为残余氢。聚集的氢容易引起多种焊接缺陷，其中主要是冷裂纹。在母材脆硬倾向大、焊缝存在焊接残余应力时，氢容易导致焊缝产生冷裂纹。由于氢的扩散聚集需要一定的时间，所以扩散氢造成的裂纹有时会延迟出现，因而氢对焊缝的危害较大。

措施：SH/T 3525—2015《石油化工低温钢焊接规范》规定，低温压力容器使用的低氢药皮焊条应按批次进行药皮水含量或熔敷金属扩散氢含量的复验，其复验方法及结果应符合相应标准和技术文件要求。

GB 12337—2014《钢制球形储罐》规定，球壳的焊缝以及直接与球壳焊接的焊缝应选用低氢型药皮焊条，并按批次进行熔敷金属扩散氢含量复验。焊条熔敷金属扩散氢含量应符合表 9-1 规定，试验方法按 GB/T 3965—2012 的规定执行。

表 9-1　低氢型药皮焊条熔敷金属扩散氢含量技术要求（摘自 GB/T 12337—2014）

焊条型号	熔敷金属扩散氢含量（mL/100g）	
	甘油法	水银法或气相色谱法
E43XX　E50XX	≤4.0	—
E50XX-X	≤4.0	—
E55XX-X	≤3.0	—
E60XX-X	≤2.5	≤5.0

(4) 忌低温钢焊材化学成分选择不当

原因：低温钢焊接热影响区韧性主要是通过控制焊接热输入来实现，而焊缝韧性除了与热输入有关外，最根本的是取决于焊缝成分的选择。正确选择焊缝成分，是保证焊缝韧性的关键。

措施：选用低温钢焊材首先应考虑接头使用温度、韧性要求以及是否要进行焊后热处理等，尽量使焊缝金属的化学成分和力学性能（尤其是冲击韧度）与母材一致。

焊接无镍低温钢时，可选择成分与母材相同的低碳钢和碳－锰钢型的高韧性焊条，但焊缝冲击值波动较大。因此，为了保证获得良好的低温韧性，选用 $w_{Ni} = 0.5\% \sim 1.5\%$ 的低镍焊条更为可靠。

低镍钢焊接时，所用焊条的镍含量应与母材相同或稍高于母材，但焊态下 $w_{Ni} > 2.5\%$ 时，焊缝中会出现粗大的板条状贝氏体或马氏体，韧性较低。焊缝中除了尽量降低碳含量和硫、磷、氧等有害杂质含量外，还应对焊缝中硅、锰含量加以限制。在焊接材料中添加微量钛后可细化晶粒，改善焊缝的低温韧性，加入少量钼有利于减少回火脆性。

9.3 铬钼耐热钢

（1）忌铬钼钢焊接不按工艺规定预热、后热

原因：铬钼钢因含有铬、钼、镍等合金元素，所以具有较高的淬硬倾向。如不按工艺规范进行预热，则焊接冷却速度较快，在热影响区的过热区不易发生奥氏体向珠光体转变，而是在更低的温度下向马氏体转变，形成淬硬组织，导致冷裂纹的产生。

焊接接头焊后不按规定进行后热处理，使其在空气中冷却，在复杂的焊接残余应力和扩散氢的共同作用下，焊缝区和热影响区往往会形成马氏体组织，导致延迟裂纹的产生。

措施：SH/T 3520—2015《石油化工铬钼钢焊接规范》规定，铬钼钢焊前预热，应根据钢材的交货状态、淬硬性、焊件厚度、结构刚性、焊接方法及焊接环境等因素综合考虑预热温度。焊接预热温度除参照相关标准外，一般通过焊接性能试验确定。

管道预热宜采用电加热法，并应在坡口两侧均匀进行，防止局部过热。预热范围应为坡口中心两侧各不小于壁厚的5倍，且不小于100mm，加热区以外100mm范围应予以保温。焊件达到预热温度后应及时进行焊接，焊接过程中层间温度应不低于预热温度，见表9-2。

中断焊接时，应进行后热，并采取保温缓冷措施，再次焊接前应检查焊道表面，目视检查确认无裂纹后，方可按原工艺要求继续施焊。

若不能立即进行焊后热处理，焊接完毕后应立即进行后热，后热温度以 200～350℃ 为宜，保温时间不应少于30min。有预热（包括环境要求进行的预热）而无焊后热处理要求的接头，焊后应采取保温缓冷措施（见表9-3、图9-3）。

表 9-2　常用铬钼钢的预热温度（摘自 SH/T 3520—2015）

母材类别	名义厚度/mm	母材抗拉强度下限值/MPa	预热温度/℃
$w_{Cr} \leqslant 0.5\%$	≥13	<450	≥95
	全部	>450	
$0.5\% < w_{Cr} \leqslant 2\%$	全部	全部	≥150
$2.25\% \leqslant w_{Cr} \leqslant 10\%$	全部	全部	≥200

注：1. 当采用钨极气体保护焊打底时，焊前预热温度可按规定的下限温度降低50℃。

　　2. 对于成分为 1Cr-0.5Mo-V 和 1.5Cr-1Mo-V 的材料，其预热温度≥200℃。

表 9-3　铬钼钢管道焊后热处理规范（摘自 SH/T 3520—2015）

母材类别	名义厚度 h/mm	碳含量 （质量分数,%）	热处理温度 T/℃	保温时间 t/min·mm^{-1}	相应焊后热处理厚度下，最短保温时间 t_{min}/h		
					≤50mm	50~125mm	>125mm
C-Mo	≤16①	≤0.25	600~650	2.4	$\dfrac{\delta}{25}$ 最少0.5	$\dfrac{\delta-50}{100}$	
	>16①	全部					
w_{Cr}≤0.5%	≤16①	≤0.25	600~650	2.4			
	>16①	全部					
0.5% < w_{Cr}≤2%②	>13①	≤0.15	650~700	2.4			
	全部	>0.15					
2.25% ≤ w_{Cr}≤3%	>13①	≤0.15	700~760	2.4			
	全部	≤0.15	700~760	2.4			
3% < w_{Cr}≤10%	全部	全部	700~760	2.4			
9Cr-1Mo-V	全部	全部	730~775③	2.4	$\dfrac{\delta}{25}$	$\dfrac{\delta-50}{100}$	

①　对于特定腐蚀介质的管道，全部厚度应根据设计要求进行热处理。

②　对于成分为 1Cr-0.5Mo-V 和 1.5Cr-1Mo-V 的材料，当壁厚≥6mm 时，焊件进行热处理，热处理温度为 720~750℃。

③　当名义厚度≤13mm 时，热处理温度最低可降为 720℃。

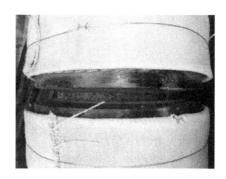

图 9-3　铬钼钢保温焊接

（2）忌铬钼钢焊接热输入过大

原因： 大多数铬钼耐热钢中含有铬、钼、钒、铌和钛等强碳化物形成元素，从而使接头的过热区具有不同程度的再热裂纹（亦称消除应力裂纹）倾向。铬钼耐热钢焊接接头的再热裂纹主要取决于钢中碳化物形成元素的特性及其含量，以及焊接热输入大小。如果采用较高的热输入，则将严重降低接头的高温力学性能。

措施： 焊接铬钼耐热钢时，应选择低热输入，控制焊道厚度，焊前的预热温度和层间温度不宜高于 250℃，尽量缩短焊接接头热影响区在 830~860℃ 区间停留时间（见图 9-4）。

（3）忌铬钼钢热处理温度不够

原因： 对于铬钼钢来说，焊后热处理的目的不仅是消除焊接残余应力，而且更重要的是改善接头金属组织，提高接头的综合力学性能，包括降低焊缝及热影响区的硬度，提高接头的高温蠕变强度和组织稳定性等。

由于施工现场条件所限或返修焊缝，故不能对设备进行整体热处理，只能采用局部热处

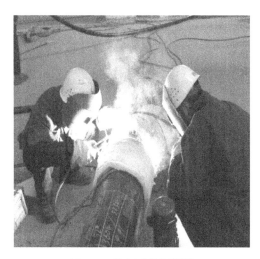

图 9-4　铬钼耐热钢焊接

理，焊缝及热影响区会存在热处理温度达不到设定温度、热处理保温范围不够等现象，导致热处理达不到预期的效果。因而母材和焊接接头力学性能降低，焊缝中的扩散氢不易逸出，造成冷裂纹的产生，严重影响产品质量，存在很大的安全隐患。

措施：GB/T 30583—2014《承压设备焊后热处理规程》规定，局部焊后热处理应符合相关要求，均温、加热和隔热范围如图 9-5 所示。必要时，在背面也要布置加热器和绝热材料。均温带的最小宽度为焊缝最大宽度两侧各加 δ_{PWHT}（焊后热处理厚度）或 50mm。管道或筒体局部焊后热处理时，加热带应环绕包括均温带在内的筒体全圆周。

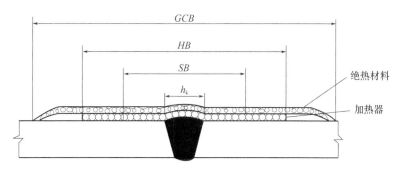

图 9-5　耐热钢焊前预热及热处理

h_k—焊缝最大宽度　SB—均温带宽度　HB—加热带宽度　GCB—隔热带宽度

绝热材料采用硅酸铝纤维制品，在焊缝正面及其背面铺设，每面厚度不宜小于 60mm。加热装置沿焊缝方向布置，对于平焊缝、仰焊缝，加热装置中心应正对焊缝中心；对于横焊缝和立焊缝，放置加热装置时要考虑焊缝中心以下部分温度较低的影响。焊后热处理前，应制定防止焊件变形的措施。

焊后热处理应按确定的热处理参数，严格控制升温、恒温及降温速率和过程。有条件的情况下尽量采用整体热处理，以保证热处理效果。

（4）忌不考虑化学成分选择铬钼耐热钢焊接材料

原因： 铬钼耐热钢的耐高温性和耐高温氧化性好，主要使用在高温下。其焊接材料也须具备与母材同等或更好的性能，同时还应有很好的抗热裂性。由于在高温下使用，所以一般要求耐热钢的焊接材料的化学成分尽可能与母材相当或稍高一点。

如，对于 1.25Cr-0.5Mo 钢和 2.25Cr-1Mo 钢来说，焊缝金属的最佳 w_C 为 0.10% 左右。在这种碳含量下焊缝金属具有最高的冲击韧度和与母材相当的高温蠕变强度；而碳含量过低的铬钼钢焊缝金属，经长时间的焊后热处理会促使铁素体形成，导致强度特别是高温强度下降，故应谨慎使用碳含量过低的焊丝和焊条。

措施： 低合金耐热钢焊接材料的选择原则是焊缝金属的合金成分与强度性能应基本符合母材标准规定的下限值，或应达到产品技术条件规定的最低性能指标。如焊件焊后需经退火、正火或热成形，则应选择合金成分和强度级别较高的焊接材料。为提高焊缝金属的抗裂性，通常将焊接材料中的碳含量控制在低于母材的碳含量。

（5）忌 9Cr-1Mo 钢管道根部焊接第二层时未进行背面气体保护

原因： 由于 9Cr-1Mo 钢中 w_{Cr} 为 8% ~ 10%，因此打底焊时背面极易氧化。经多次试验验证，对于 9Cr-1Mo 钢和 9Cr-1Mo-V 钢材料，若只在底层焊接时进行背面惰性气体保护，则在第二层填充焊时，焊缝背面存在氧化现象，影响焊缝的质量。

措施： GB 50236—2011《现场设备工业管道焊接工程施工规范》和 SH/T 3520—2015《石油化工铬钼钢焊接规范》都规定，对于 $w_{Cr} \geq 3\%$ 或合金元素总含量 >5% 的焊件，采用钨极惰性气体保护电弧焊或熔化极气体保护电弧焊进行根部焊接时，焊缝内侧应充氩气或其他保护气体，同时应采取其他防止内侧焊缝金属被氧化的措施。对于 9Cr-1Mo 钢和 9Cr-1Mo-V 钢材料，打底焊至少焊接两层，方可终止背面惰性气体保护。9Cr-1Mo 钢管道打底焊接如图 9-6 所示。

图 9-6　9Cr-1Mo 钢管道打底焊接

（6）忌 9Cr-1Mo 耐热钢在后热或热处理前未进行马氏体转变

原因：对于 9Cr-1Mo 钢等一些 Ms 点较低的马氏体类耐热钢，直接在预热温度（焊接层间温度）情况下进行后热或焊后热处理，会导致奥氏体、马氏体转变温度较低，易在较高温度下引起奥氏体分解，组织性能达不到标准要求，对特种设备安全影响较大。

措施：应充分掌握钢材的特性，施工前对热处理工艺进行工艺评定，制定合理的热处理工艺（见图 9-7）。同时还要强化热处理操作工的理论水平，了解不同特性的钢材热循环过程的组织变化和要求；严格执行热处理工艺，在热处理过程中加强质量监督。

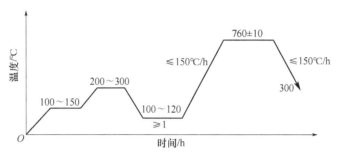

图 9-7 9Cr-1Mo 钢焊后热处理曲线

9.4 奥氏体不锈钢

（1）忌奥氏体不锈钢焊接高温停留时间过长

原因：奥氏体不锈钢的物理特性是热导率小、线膨胀系数大，在焊接局部加热和冷却条件下，焊接区域高温停留时间较长，焊缝金属及近缝区在高温承受较高的拉伸应力与应变，焊缝通常以联生结晶形成方向性很强的粗大柱状晶组织；在焊缝金属凝固结晶过程中，一些杂质元素及合金元素，如硫、磷、锌、硼及铌易于在晶间形成低熔点的液态膜，在焊接应力作用下，造成焊缝热裂纹。

措施：SH/T 3523—2020《石油化工铬镍不锈钢、铁镍合金、镍基合金及不锈钢复合钢焊接规范》规定，焊接时，应采用小热输入、短电弧、不摆动或小摆动的多层多道焊；小幅摆动时，摆动幅度应不大于焊条直径的 2.5 倍；层间温度控制在 150℃ 以下；奥氏体不锈钢可以采用水冷焊缝的方法，降低层间温度。

（2）忌奥氏体不锈钢焊接未采取预防晶间腐蚀的措施

原因：在奥氏体不锈钢焊接时，如果焊缝金属高温持续时间较长，焊缝金属中 C 和 Cr 会急剧结合，形成 C_6Cr_{23}，导致部分焊缝和热影响区中晶界边缘的 $w_{Cr} < 13\%$，出现局部贫铬，奥氏体不锈钢的力学性能和耐蚀性急剧恶化，这种现象就是"晶间腐蚀"。

如果产生晶间腐蚀，其先从金属材料表面开始，沿着晶界向内部发展，使晶粒间的结合力丧失，以致材料的强度几乎完全消失。晶间腐蚀会导致不锈钢受腐蚀处外表仍然光亮，轻敲就会破碎成细粒。因其不容易发现，会造成焊接结构的突然破坏，危害性极大，甚至发生事故。

措施：防止不锈钢出现晶间腐蚀，产品尽量选用稳定化的低碳奥氏体不锈钢或超低碳奥氏体不锈钢。在焊接工艺上，采用较小的焊接热输入，加快冷却速度，将有利于防止晶间腐蚀的发生。有必要的情况下，根据设计要求可对奥氏体不锈钢进行固溶淬火处理。

（3）忌不锈钢焊件表面划伤或飞溅污染

原因：焊接时，在不锈钢焊件的非焊接区域引弧，因地线位置不适当、连接不牢固而易造成表面划伤或飞溅污染（见图9-8）。电弧擦伤的不规则形状容易引起应力集中，形成小裂纹，这对焊接结构和容器使用的安全性均会造成危害，甚至促成事故的发生。同时，还会降低不锈钢抗腐蚀性，严重时造成不锈钢腐蚀穿孔、应力腐蚀等，导致焊件报废。

图9-8　不锈钢焊件表面飞溅污染

措施：为避免飞溅缺陷的产生，焊接时必须选用质量合格的焊条，并按规定进行烘干处理。选用适当的焊接电流，焊接时在焊缝两侧覆盖一层防飞溅涂料。焊接时在坡口内引弧、熄弧，焊前检查焊钳、连接线完好无损，焊接过程中采取正确的操作手法，并加强对不锈钢表面的保护。

（4）忌奥氏体不锈钢焊接未采取预防焊接变形措施

原因：奥氏体不锈钢的物理特性是热导率小、线膨胀系数大。与碳素钢相比，其热导率低，约为碳素钢的1/3，导致热量传递速度缓慢，热变形增大。而奥氏体不锈钢的线膨胀系数又比碳素钢大40%左右，在焊接过程中由于受焊接热循环的影响，所以非常容易引起较大的焊接变形。另外，奥氏体不锈钢焊接变形的矫正工艺又很复杂，增加焊接成本，严重时还能造成焊接结构报废。

措施：为了尽量减少奥氏体不锈钢焊接变形和焊后收缩引起焊件尺寸的不足，对接接头的焊接构件要留有足够的收缩余量。焊接变形量的大小与焊接参数的选择、焊接顺序的正确性、操作的合理性都有一定的关系。

（5）忌不锈钢材料焊缝背面氧化

原因：不锈钢材料合金元素含量高，一般 $w_{Cr} \geqslant 12\%$，焊接时如果焊缝背面不加以有效保护，内部焊缝会急剧氧化，如在氩弧焊打底时焊缝背面保护效果不好，严重的情况下焊缝内部氧化物呈豆腐渣状，耐蚀性恶化，甚至使焊缝出现腐蚀穿孔、焊缝开裂等缺陷，导致焊缝失效（见图9-9）。因此，焊缝内部氧化是不锈钢焊接时较为严重的焊接缺陷。

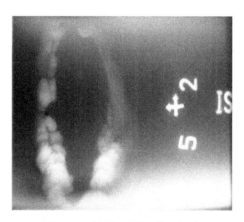

图 9-9　不锈钢环焊缝背面氧化

措施：SH/T 3523—2020《石油化工铬镍不锈钢、铁镍合金、镍基合金及不锈钢复合钢焊接规范》规定，不锈钢焊接时，采用实芯焊丝或不填丝的钨极气体保护焊焊接底层焊道时，焊缝背面应采取充氩或充氮保护措施。充氩气（氮气）开始时宜采用较大的流量，确保管内空气完全排除后方可焊接，焊接过程中背面保护用的氩气（氮气）流量应适当降低，避免出现凹坑。采用药芯焊丝或外涂层焊丝钨极氩弧焊焊接奥氏体不锈钢底层焊道时，焊缝背面可不用充氩（氮）气保护。

9.5　钛合金

（1）忌钛合金采用火焰切割等热加工方法下料及坡口加工

原因：钛合金温度超过200℃时，材料极易氧化并吸氢，性能会急剧恶化。钛合金用火焰切割后表面会产生氧化膜，且切割表面质量差，高温下钛暴露在空气中会发生脆性转变，从而导致性能变差。

措施：SH/T 3502—2009《钛和锆管道施工及验收规范》规定，钛及钛合金的切割、坡口加工、钻孔宜采用机械方法（手工锯、锯床、车床等），当采用等离子切割时，应用机械方法去除污染层，避免切割和加工表面因过热而变色。火焰切割和机加工如图9-10所示。

（2）忌钛合金焊接保护气体纯度不达标

原因：钛合金焊接使用的保护气体有氩气（Ar）、氦气（He），目前广泛使用的保护气体为氩气。因为氩气的沸点介于氧、氮之间，差值很小，所以在氩气中常含有一定数量的杂

a) 火焰切割   b) 机加工

图 9-10   火焰切割和机加工

质。如果氩气中的杂质含量过多，纯度不达标，那么在焊接过程中就会影响对熔池焊缝金属的保护，易使焊缝产生气孔等焊接缺陷，降低焊接接头质量，还会加重钨极的烧损。

措施： NB/T 47015—2011《压力容器焊接规程》规定，钛及钛合金焊接时，常用的保护气体为氩气，也可以用氦气或者两者混合气体。氩气纯度应不低于 99.99%，露点在 -40℃ 以下，当瓶装氩气压力低于 0.5MPa 时不宜使用（见图 9-11）。

图 9-11   氩气

（3）忌钛合金焊缝金属高温区域气体保护措施不到位

原因： 钛是一种活性金属，钛及钛合金焊接时，如果气体保护措施不到位，则液态熔滴和熔池金属会强烈地吸收氢、氧、氮。特别地，钛及钛合金在高温固态下也具有吸收氢、氧、氮的能力，并且随着温度的升高，钛及钛合金吸收氢、氧、氮的能力也随之显著上升，在 250℃ 左右开始吸收氢，从 400℃ 开始吸收氧，从 600℃ 开始吸收氮，这些气体被吸收后，使焊缝的硬度、强度增加，塑韧性降低，从而引起脆化。碳也会与钛形成硬而脆的碳化钛，易引起裂纹，从而影响焊缝质量。在空气中高温停留时间对工业纯钛弯曲塑性的影响如

图 9-12 所示。

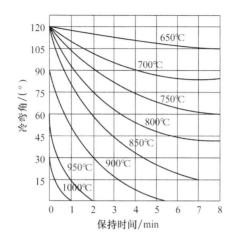

图 9-12 在空气中高温停留时间对工业纯钛弯曲塑性的影响

措施：根据 SH/T 3502—2009《钛和锆管道施工及验收规范》规定，钛材焊接时，所用焊炬喷嘴直径宜在 12～26mm，喷出的氩气应保持稳定层流。采用拖罩保护热态焊缝及近缝区的外表面，拖罩形式应根据焊件形状和尺寸确定。采用管内充氩气保护焊缝及近缝区的内表面，且管内应提前充氩，并保持微弱正压和呈流动状态。钛合金焊缝表面颜色梯度如图 9-13 所示。钛材焊缝色泽检查合格标准见表 9-4。

图 9-13 钛合金焊缝表面颜色梯度

表 9-4 钛材焊缝色泽检查合格标准

焊缝颜色	保护效果	质量	处理方法
银白色	未被污染	合格	继续施焊
淡黄/金黄色	较轻的污染	合格	继续施焊
紫色	低温氧化，较轻的污染	合格	继续施焊前除去变色及相邻区域
蓝色	高温氧化，污染严重	不合格	继续施焊前清除以前焊道及相邻区域
灰色	保护不好，污染严重	不合格	继续施焊前清除以前焊道及相邻区域
灰白色			

（4）忌钛合金焊丝及焊件坡口、层间清理不彻底

原因：钛及钛合金焊接时，焊丝表面、焊接坡口及坡口两侧清理不彻底，焊缝吸收水分，导致氢致裂纹和气孔；焊接层间清理不彻底，焊缝中的非金属夹杂物可形成低熔点共晶，导致裂纹，从而使焊缝的塑性和耐蚀性显著下降。

措施：SH/T 3502—2009《钛和锆管道施工及验收规范》规定，钛材焊接前应使用不含硫的丙酮或乙醇将填充焊丝进行脱脂处理，不得使用三氯乙烯、四氯化碳等氯化物溶剂。擦拭采用洁净的棉布，清洁后的焊丝在使用中应戴洁净手套，并始终保持清洁无污染、无水分。采用专用不锈钢丝刷等工具清除坡口及两侧不小于25mm范围内的氧化物，并采用不含硫的丙酮或乙醇清除坡口两侧75mm范围内的水及污物。

焊接过程中要用不锈钢丝刷把层间的金属夹杂物清理干净。机械清理用工具——硬质合金旋转锉，如图9-14所示。

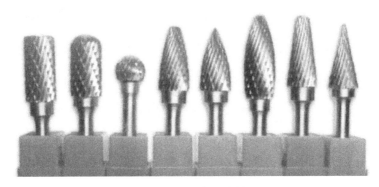

图9-14　硬质合金旋转锉

（5）忌钛合金焊缝表面有咬边缺陷

原因： 钛合金焊缝咬边不仅减少接头的有效截面积，而且在咬边处会引起应力集中，进一步导致裂纹的产生，降低钛合金结构承受动负荷的能力和疲劳强度。

措施： SH/T 3502—2009《钛和锆管道施工及验收规范》规定，钛合金焊缝表面不得有咬边、凹陷、气孔、夹钨、裂纹及未熔合等缺陷。焊接时应正确选用焊接参数，由操作熟练的焊工进行焊接施工，焊接过程中应在坡口两侧适当停留，保证焊缝两侧熔合良好，避免焊缝外观咬边（见图9-15）。

图9-15　钛合金焊缝咬边

9.6　镍及镍合金

(1)　忌镍及镍合金材料坡口角度过小

原因：镍及镍合金焊接时熔深较浅，液态金属润湿性差，焊接过程中熔融的焊缝金属在熔池表面向四周铺展，液态镍及镍基合金流动性差。如果坡口角度较小，则易产生未熔合、未焊透、夹渣等缺陷，造成返工，影响焊接质量。

措施：镍及镍合金焊接时，适当增大坡口角度，不仅有利于坡口面两侧的充分熔合，还便于清渣；同时，钝边要小一些，根部间隙不能太小，坡口角度以 60°～70° 为宜。碳素钢和镍基材料熔深对比如图 9-16 所示。

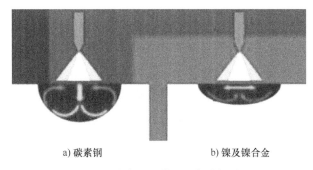

a) 碳素钢　　　　　　　　b) 镍及镍合金

图 9-16　碳素钢和镍基材料熔深对比

(2)　忌镍及镍合金焊接时层间温度过高

原因：层间温度是多道焊缝及母材在施焊下一焊道之前的瞬时温度，层间温度过高会引起焊缝及热影响区晶粒粗大，使焊缝强度及低温冲击韧度下降。

措施：SH/T 3523—2020《石油化工铬镍不锈钢、铁镍合金、镍基合金及不锈钢复合钢焊接规范》规定，对于铁镍合金、镍合金焊接的层间温度，一般控制在 100℃ 以下，而且在每道焊缝焊接前均应进行测量控制。

(3)　忌镍及镍合金焊接热输入过大

原因：镍及镍合金焊接热输入过大时，会导致熔池温度过高、高温停留时间过长，不仅会使合金元素烧损，引起晶粒粗大，降低接头韧性，而且还可能在焊缝中产生气孔及裂纹等焊接缺陷。

措施：SH/T 3523—2020《石油化工铬镍不锈钢、铁镍合金、镍基合金及不锈钢复合钢焊接规范》规定，铁镍合金和镍合金焊接时，应采用小的焊接热输入、短电弧、不摆动或小摆动的操作手法，摆动幅度不大于焊条直径的 2.5 倍，且层间温度不得高于 100℃。

(4)　忌镍及镍合金焊接清理不干净

原因：镍及镍合金焊接时，焊前和焊接中的清理十分重要，其主要作用是防止夹渣和热裂纹。如清理不彻底，镍和铁的二元共晶物中有低熔点的金属共晶物和非金属共晶物，特别是硫、磷共晶物熔点比镍铁低很多（Ni－S为645℃、Ni－P为880℃），在焊缝结晶时低熔点共晶物的液态膜残留在晶界区；同时镍及镍合金线胀系数大，焊接易产生较大的应力，焊缝结晶时低熔点共晶物的液态膜在收缩应力作用下易产生开裂。

措施： 镍及镍合金焊前，应用专用砂轮或不锈钢丝刷将焊接坡口及其两侧的氧化层清除干净，并用丙酮和无水乙醇去除其表面的水、锈、油污等有害杂质，打磨至露出金属光泽，防止杂质对焊缝的污染。

（5）忌镍及镍合金进行打磨清理时将砂轮片、钢丝刷混用

原因： 由于镍及镍合金对耐蚀性要求很高，凡是与其接触的材料，都应考虑氯离子的污染，并要求氯离子含量在 20×10^{-6} 以下。如打磨镍及镍合金的砂轮片和钢丝刷与碳素钢打磨时混用，使用过程中会造成镍合金焊缝铁离子污染和焊缝增碳现象，影响镍及镍合金的耐蚀性。

措施： 镍及镍合金打磨清理时应采用专用于切割、打磨镍合金的砂轮片（见图9-17），对其制作材料都有特殊的要求，并在砂轮片表面标注有"不锈钢专用"字样。另外，对于碳素钢、合金钢、不锈钢及镍合金等材料，由于其各自的组织密度和发热状况不一样，所以就决定了在选择砂轮片时要有所区分，对切割打磨碳素钢要求选用硬度高一些的砂轮片，镍合金打磨选用硬度相对低一些的砂轮片。

图9-17　镍及镍合金专用清理砂轮片

9.7　异种钢

（1）忌不同强度级别的异种钢焊接选用的焊接材料不合理

原因： 不同强度级别的低碳钢、低合金钢、铬钼耐热钢之间的异种钢焊接，可按合金含量较低一侧母材或介于两者母材之间选用焊接材料，也可按合金含量较高一侧母材选用焊接材料，但应优先按合金含量较低一侧母材选用焊接材料。

措施： SH/T 3558—2016《石油化工工程焊接通用规范》及 API 582 焊接指南中，铁素体钢（P1－P5）的异种钢接头，填充金属应与任何一侧母材的化学成分一致，或选择一种两者之间的化学成分。然而，当无压件与受压件焊接时，填充金属化学成分与受压件名义化学成分一致。

（2）忌不同奥氏体不锈钢焊接，盲目按合金元素含量较高一侧的母材选用焊材

原因：不同奥氏体不锈钢的焊接接头，要保证焊缝金属的合金元素含量不低于母材合金元素含量低的一侧，不仅可以节约焊接成本，同时也保证了焊接接头的合金元素含量。

措施：不同奥氏体不锈钢的焊接接头，宜选用主要合金元素含量不低于合金含量较低一侧母材标准规定的下限值的焊接材料（主要合金元素主要指铬、镍、钼、铜等）。对有耐晶间腐蚀要求的焊接接头，应选用含有稳定化元素（钛、铌或碳含量≤0.04%）的焊接材料。

（3）忌铁素体钢与奥氏体不锈钢的异种钢焊接材料选用不合理

原因：铁素体钢与奥氏体不锈钢间的异种钢焊接选材不合理，不仅会使焊缝强度达不到标准要求，影响结构的使用寿命，而且容易出现马氏体组织，形成裂纹。

措施：SH/T 3526—2015《石油化工异种钢焊接规范》规定，铁素体钢与奥氏体不锈钢焊接应按下述规定选用焊接材料：当设计温度≤315℃时，可选用铬镍含量为 25%Cr-13%Ni 型的焊接材料；当设计温度高于 315℃时，宜选用镍基焊接材料。

（4）忌有预热要求的铁素体钢与奥氏体不锈钢焊接时，预热奥氏体不锈钢侧

原因：奥氏体不锈钢具有较好的塑性，冷裂纹倾向较小，如焊前进行预热，会使奥氏体不锈钢焊接热影响区在脆化温度区域停留时间增长，引起碳化物析出，增大晶间腐蚀倾向；同时，还会引起热裂纹和较大的焊接变形。

措施：铁素体钢与奥氏体不锈钢的焊接预热时，应预热铁素体钢一侧，且应按铁素体钢预热温度的下限值预热，预热温度不宜超过 175℃。铁素体钢与奥氏体不锈钢的焊接，一般采用奥氏体或镍基焊接材料，且 API 582 焊接指南中规定，奥氏体及镍基焊接材料的层间温度不超过 175℃。因此，按有关规定应预热铁素体钢一侧，且应按铁素体钢预热温度的下限值预热，即不宜超过 175℃。

（5）忌异种钢焊接坡口尺寸、形式不合理

原因：焊件开坡口的目的是保证能够焊透，不出现焊接缺陷。坡口的形式和尺寸对焊接质量的影响很大，尤其是对异种钢的焊接质量影响尤为明显。坡口形式和尺寸选择不当时，会直接影响异种钢焊接熔合比大小，从而影响到焊缝的成分，造成焊缝的组织和性能达不到要求。熔合比对焊缝性能的影响主要有以下几种情况。

1）当焊接材料与母材的化学成分基本相同时，熔合比对焊缝金属的性能无明显影响。

2）当母材中合金元素较少、焊接材料中合金元素较多时，在这些合金元素对改善焊缝性能起关键作用的情况下，应控制熔合比小一些。

3）当母材中含合金元素较多、焊接材料合金元素较少时，如果这些合金元素对改善焊缝性能有利，则增加熔合比可提高焊缝的性能。

4）当母材中碳、硫、磷含量较多时，应减少熔合比，以减少碳、硫、磷进入焊缝，提高焊缝的塑性和韧性，防止产生裂纹。

措施： 异种钢焊接时，坡口形式和尺寸的选择应以减小熔合比和焊接缺陷为原则。在实际焊接中，常通过调节坡口角度的大小来控制熔合比。为减小熔合比，应尽量采用较大的坡口角度，坡口角度越大，熔合比越小。

9.8 不锈钢复合板

（1）忌不锈钢复合钢板从基层热切割

原因： 不锈钢复合钢板的覆层一般为3～5mm，如果从基层进行等离子切割，切割时的热飞溅会熔结到不锈钢覆层上，且较难清理，严重的会破坏覆层金属，从而使覆层丧失抗腐蚀能力。

措施： NB/T 47015—2011《压力容器焊接规程》规定，等离子切割和加工坡口时，覆层朝上，从覆层侧开始切割。

（2）忌不锈钢复合钢板没有按照覆层组对，履层错边超标

原因： 不锈钢复合钢板的覆层一般为3～5mm，坡口组对时，如果以基层为基准对齐，极易出现覆层错边超标的现象，导致覆层和基层的碳素钢焊接，使不锈钢覆层耐腐蚀能力下降，甚至出现裂纹等缺陷（见图9-18）。

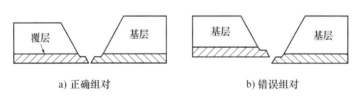

a) 正确组对　　　　　　　　　　b) 错误组对

图9-18 复合材料组对

措施： GB/T 13148—2008《不锈钢复合钢板焊接技术要求》规定，厚度相同（基层和覆层厚度均相同）的不锈钢复合钢板焊件的装配，应以覆层表面为基准，其错边量不应大于覆层厚度的1/2，且不应 >2mm。厚度不同（或覆层厚度不同，或基层厚度不同，或两者均不同）的不锈钢复合钢板焊件的装配基准，按设计图样的规定执行。

（3）忌不锈钢复合钢板在覆层进行定位焊

原因： 由于大多数不锈钢复合钢板的覆层厚度为3～5mm，其与基层通过热轧法或爆炸法结合在一起。大多情况下，基层厚度要比覆层厚度大得多。如在覆层进行定位焊，则焊接基层的过程中，会因受热和焊接应力的作用而使覆层与基层剥离，产生焊接缺陷，影响焊缝质量。

措施： GB/T 13148—2008《不锈钢复合钢板焊接技术要求》规定，定位焊应在基层母材上进行，且采用与焊接基层金属相同的焊接材料和焊接工艺，其间距和长度可根据焊件的具体情况自行确定；发现定位焊缝出现裂纹或其他不允许存在的缺陷时，应予以清除，并移位再焊。

(4) 忌不锈钢复合钢板焊接顺序选择错误

原因：不锈钢复合钢板焊接顺序选择的正确与否，直接影响焊件的焊接质量。如焊接顺序选择错误，就会导致基层、过渡层及覆层焊接材料的错用，使焊缝产生马氏体组织，严重时产生裂纹，使焊接结构失效，还会影响其耐蚀性。

措施：SH/T 3523—2020《石油化工铬镍不锈钢、铁镍合金、镍基合金及不锈钢复合钢焊接规范》规定，不锈钢复合材料焊接应先焊基层，后焊过渡层和覆层，且焊接基层时不得将基层金属沉积在覆层上。当条件受到限制时，也可先焊覆层，后焊过渡层和基层，在这种情况下，基层的焊接应选用与过渡层焊接相同的焊接材料。

(5) 忌不锈钢复合钢板过渡层焊接材料选用有误

原因：不锈钢复合钢板的过渡层是防止基层焊缝母材稀释、确保覆层焊缝化学成分达到覆层母材要求的一个过渡区域。如果过渡层焊材选用错误，就会使覆层焊缝的碳含量增加，产生马氏体组织，降低焊接接头的塑性和韧性，影响覆层焊缝的耐蚀性，严重时会产生裂纹。

措施：过渡层焊接材料的选择原则，应使用铬、镍含量较多的焊接材料，保证稀释后的焊缝成分能保持奥氏体和铁素体双相组织，为了使过渡层具有良好的抗裂性能、塑性和韧性，焊缝中铁素体含量应在 5% ~10%。过渡层焊接实际就是异种钢的焊接，焊接奥氏体不锈钢和碳素钢、低合金钢相连的过渡层时，焊缝熔敷金属必须采用 25-13 系列的焊丝（ER309、ER309L）及焊条（A312、A307 等）。按照 SH/T 3526—2015 标准，当材料设计使用温度 >315℃时，宜选用镍基焊接材料。

同时，对基层、覆层、过渡层的焊接应考虑选用三种不同性能的焊条。

1）对基层（碳素钢或低合金钢）的焊接，选用相应强度等级的结构钢焊条。

2）覆层直接与腐蚀介质接触，应选用相应成分的奥氏体不锈钢焊条。

3）关键是过渡层（即覆层与基层交界面）的焊接，必须考虑基体材料的稀释作用，应选用铬、镍含量较高，以及塑性和抗裂性好的 25-13（A302）型奥氏体不锈钢焊条或焊丝。

(6) 忌不锈钢复合钢板焊接基层时熔化覆层材料

原因：不锈钢复合钢板焊接基层时，如果触及和熔化覆层材料，覆层金属就会熔入基层焊缝中，形成淬硬的马氏体组织，导致裂纹的产生。

措施：GB/T 13148—2008《不锈钢复合钢板焊接技术要求》规定，先焊基层时，其焊道根部或表面应距复合界面 1~2mm。焊缝余高应符合有关标准的规定。

(7) 忌不锈钢复合钢板覆层焊接时不进行保护

原因：焊接时，不锈钢复合钢覆层表面不进行保护，飞溅物和引弧、熄弧不当产生的电弧擦伤都会损伤覆层表面的保护膜，成为潜在的腐蚀源，影响不锈钢覆层的耐蚀性。

措施：施焊前需在不锈钢复合板坡口两侧 100mm 范围内刷涂防飞溅涂料，选择合适的焊接参数，在坡口内引弧、熄弧。

（8）忌异种钢焊接参数较大，增大熔合比

原因：熔合比是指熔焊时，被熔化的母材在焊缝金属中所占的体积百分比。异种钢焊接是两种化学成分、物理、化学、力学性能不尽相同的钢种的焊接，熔合比大小对焊缝质量影响很大。如果焊接参数较大，焊缝金属中母材的金属较多，由母材金属熔化而进入焊缝中的合金元素或杂质元素就多，对焊缝质量影响较大，有时还可能出现马氏体组织，导致冷裂纹的出现。

措施：异种钢焊接时，焊接参数的选择原则是尽量降低母材金属在焊缝金属中的熔合比，熔合比越小越好。SH/T 3526—2015《石油化工异种钢焊接规范》规定，异种钢焊接时，焊件的坡口角度可比同种钢稍大，采用小电流、小直径焊条或焊丝、快焊速、窄焊道、多层多道焊的工艺。焊接时，严格控制层间温度，减少高温停留时间。有晶间腐蚀要求的双面焊缝，与介质接触的一面焊缝应最后施焊。当焊件厚度较大时，宜采用隔离层堆焊法，即先在铁素体钢侧坡口上用高铬镍奥氏体焊条进行隔离层堆焊。

（9）忌焊接不锈钢复合钢板的焊工未取得耐蚀堆焊资格

原因：不锈钢复合钢焊接时，过渡层焊接相当于在碳素钢上堆焊不锈钢，覆层焊接相当于在过渡层上堆焊不锈钢，为保证堆焊焊缝的各项性能指标符合设计要求，一般采取小热输入、严格控制层间温度和多层多道不摆动焊的措施来实现。如果施焊焊工没有取得耐蚀堆焊资质，则属于无证操作，对不锈钢复合钢堆焊的工艺措施和操作手法掌握不够全面，就有可能导致过渡层和覆层的性能达不到要求，影响产品的质量，造成返修甚至报废。

措施：TSG Z6002—2010《特种设备焊接操作人员考核细则》规定，焊接不锈钢复合钢的覆层之间焊缝及过渡层焊缝的焊工，应当取得耐蚀堆焊资格，并在有效期内方可焊接施工。

（10）忌不锈钢复合钢板的过渡层、覆层返修采用碳弧气刨

原因：不锈钢复合钢板覆层焊缝返修时，如果采用碳弧气刨进行清除缺陷，很可能造成表面渗碳和夹碳，使焊缝中碳含量增加，造成焊缝贫铬，影响其耐腐蚀性能。

措施：对需要返修的过渡层或复合层焊缝，一律不准用碳弧气刨，只准用砂轮打磨或其他机械方法清除缺陷，以避免碳素钢和不锈钢相互渗入。

当缺陷位于过渡层和基层之间时，也可从基层焊缝清除缺陷，用焊接过渡层的焊接材料进行焊接，焊接时可在背面覆层浇水冷却，以预防晶间腐蚀。任何不锈钢复合钢板返修都应根据评定合格的焊接工艺进行返修。

第10章

焊接材料

焊接材料是指焊接时所消耗材料的通称，如焊条、焊丝、金属粉末、焊剂及保护气体等。特种设备制造对焊接质量有很高的要求，而焊接材料的选择和使用对焊接质量具有重要的影响。因此，特种设备焊接过程中，对焊接材料的储存、使用都有严格的要求。本章对特种设备焊接常用的焊接材料的储存、使用过程中容易出现的问题进行了总结和分析。

10.1 焊条

（1）忌焊条不按焊接材料说明书烘干使用

原因：焊条烘干时，如果烘烤温度过低，药皮中的水分蒸发不掉；温度过高，易造成药皮开裂、脱落或引起药皮成分的变化，都会影响焊条的工艺性能和使用性能，影响焊接质量。

措施：焊条使用前必须按照焊材说明书或供货技术条件规定的烘干温度和保温时间进行烘干，不得随意改变。

（2）忌焊条烘干时成垛或成捆堆放

原因：焊条烘干时，若每一层堆放太厚，则会造成焊条烘干时受热温度不均匀和潮气不易排除（见图10-1）。

图10-1　焊条烘干时摆放不合理

措施：JB/T 3223—2017《焊接材料质量管理规程》规定，焊条烘干时要摆放合理，应铺成层状，每层焊条堆放厚度不能太厚，并且堆放均匀，有利于均匀焊条受热及潮气排除。

（3）忌将焊条直接放入高温的烘干箱烘干

原因：焊条直接放入高温的烘干箱进行烘烤，会因为骤热，水分来不及蒸发而突然膨胀，导致焊条药皮破裂或脱落，药皮损坏严重的禁止使用。

措施：焊条烘干时，应将焊条放入常温的烘干箱内逐渐升温。

（4）忌焊条的烘干次数超过3次

原因：焊条的烘干次数过多时，由于焊条重复受热的影响，故焊条药皮会发生开裂而脱落，同时焊条药皮中的成分也会不同程度地发生变化，影响焊条的使用和焊接质量。

措施：JB/T 3223—2017《焊接材料质量管理规程》规定，根据产品的特性要求、焊接材料类型和存放条件，使用方应确定烘干后的焊接材料在常温下的搁置时间，超过规定时间后，使用前应再次烘干，但对于烘干温度不低于350℃的焊条，其累计烘干次数一般不宜超过3次。焊条最好现烘现用，尽可能地减少焊条烘干的次数。

（5）忌烘干后的焊条在空气中暴露时间过长

原因：焊条在随用随取过程中不停地暴露于空气中，此时焊条已不是保温所要求的温度；同时，焊条药皮也会吸气返潮，导致焊接时熔敷金属中的氢含量增加，将直接影响焊接质量。

措施：烘干后的焊条使用时，应放在带有加热器的焊条保温筒内随用随取，存放时间一般不超过4h，否则需重新烘干。

（6）忌低氢钠型碱性焊条采用交流焊机进行焊接

原因：由于低氢钠型碱性焊条（如E5015焊条）药皮中含有较多的氟石，在电弧气氛中分解出电离电位较高的氟，使电弧的稳定性降低，易造成电弧稳定性差、飞溅多、焊缝成形不良等问题。

措施：为增加电弧稳定性，减少飞溅和气孔，提高焊接质量，低氢钠型碱性焊条应采用直流反接、短弧操作。

（7）忌用非不锈钢焊材焊接奥氏体不锈钢材料

原因：非不锈钢焊接材料的碳含量一般高于奥氏体不锈钢，而碳是导致奥氏体不锈钢产生晶间腐蚀的主要元素，严重的晶间腐蚀会影响焊接接头使用性能。

措施：奥氏体不锈钢焊接时，宜采用低碳或者超低碳的不锈钢焊接材料，例如：A132、A137、A022等。

10.2 氩弧焊丝

（1）忌氩弧焊丝不按规定存放

原因：虽然很多实芯焊丝及无缝药芯焊丝表面都经过镀铜处理，但如果露天存放或放在存在有害气体和腐蚀性介质（如 SO_2 等）的室内，焊丝依然会吸潮，使熔敷金属中氢含量增加，从而产生焊接气孔、甚至延迟裂纹等缺陷，使焊接工艺性能及焊缝金属力学性能变差，严重的可导致焊缝报废。

措施： 根据 JB/T 3223—2017《焊接材料质量管理规程》的规定，焊丝应存放在干燥、通风良好的库房中，堆放时不得直接放在地面上，按照规定放置在离地面和墙壁不小于 300mm 的架子或垫板上。

（2）忌开封的氩弧焊丝混放在一起保存

原因： 大多数氩弧焊丝在焊丝端头有该焊丝的型号标记，也有一部分焊丝没有。如果把开封的焊丝混放在一起保存，就很难分辨出焊丝的材质、类别、型号（见图 10-2），在使用过程中很容易用错，严重时会导致质量事故。

图 10-2　不同牌号氩弧焊丝混放

措施： 根据 JB/T 3223—2017《焊接材料质量管理规程》的规定，不同材质、类别和型号的焊丝不能混放，要分清型号和规格分别存放，以方便领用和使用。

（3）忌氩弧焊丝受潮锈蚀后不做处理进行焊接

原因： 氩弧焊丝长时间暴露在潮湿环境中会受潮生锈（见图 10-3），焊接过程中如不对焊丝表面进行清理，就会导致焊接电弧不稳定，严重的会出现气孔、夹杂等缺陷。

图 10-3　氩弧焊丝表面生锈

措施： 根据 JB/T 3223—2017《焊接材料质量管理规程》的规定，焊丝表面需光滑、洁净，若影响焊接质量，使用前应进行清洁处理。开启包装后应尽快使用，防止受潮或污染。

（4）忌氩弧焊丝先从有标记的一端开始焊接使用

原因：氩弧焊丝在使用时，如果先从有标记一端开始焊接，当焊接完成或中断时，造成焊丝无标识，再次使用时无法识别其牌号与型号，易造成用错焊丝的现象，影响焊接质量，导致质量事故。

措施：JB/T 3223—2017《焊接材料质量管理规程》规定，使用时需确认焊丝上冲压出的型号/牌号或一端的颜色涂料标记（见图10-4）。焊工应从没有标记的一端开始焊接。采用有颜色涂料标记的焊丝时，应将颜色和对应的焊接材料型号/牌号、批号的对照卡显示在焊工操作工位上。

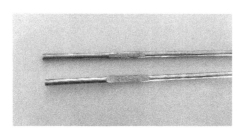

图 10-4　焊丝标识

（5）忌铬钼钢、不锈钢实芯焊丝氩弧焊打底时背面无有效保护措施

原因：铬钼钢和不锈钢实芯焊丝的铬、钼含量较高，如果焊接时熔池背面没有进行有效保护，则高温熔敷金属与空气接触，极易产生氧化，不仅造成合金元素烧损，还会使焊缝背面焊不透和焊缝不易成形，影响焊接质量。

措施：GB 50236—2011《现场设备、工业管道焊接工程施工规范》规定，对 $w_{Cr} \geq 3\%$ 或合金元素总含量 >5% 的焊件，采用钨极惰性气体保护焊根部焊接时，焊缝背面应充氩或其他保护气体，也可采取其他有效防止背面焊缝金属被氧化的措施。

10.3　熔化极气体保护焊焊丝

（1）忌 CO_2 药芯焊丝开封后长时间暴露在湿度较大的环境中

原因：CO_2 药芯焊丝开封后用不完，如果放在送丝机上或在空气中暴露时间过长，焊丝中的药粉容易吸气返潮，使熔敷金属中的扩散氢含量增加，易出现气孔或焊缝表面凹坑（表面气孔）缺陷，影响焊缝质量和焊缝的美观。

措施：根据 JB/T 3223—2017《焊接材料质量管理规程》的规定，焊接结束后，剩余的焊接材料应回收，且应标识清楚，包装完整或重新包装不影响再次使用，外观整洁无污染。

（2）忌对标签破损的盘/卷装焊丝不检验确认即使用

原因：由于部分焊丝的标签在运输或使用过程中破损，因此无法识别焊丝的型号（牌号），不能确定其使用场合，如不进行检验就使用，则很容易造成错用焊材，使母材和焊材不匹配，影响焊接质量，甚至造成质量事故。

措施：JB/T 3223—2017《焊接材料质量管理规程》规定，盘/卷装焊丝应始终保持标签完整。标签破损的，应予以检验及确认，否则应做报废处理。

10.4　焊剂

（1）忌埋弧焊剂不烘干直接使用

原因：埋弧焊剂暴露在室外时，容易吸潮，导致焊剂中有水汽存在，特别是夏天的时候最为严重。如果不烘干直接使用，则在焊接过程中会产生气孔、夹杂等缺陷。

措施：焊剂使用前应严格按照规定的焊剂烘干温度进行烘干、保温后才能正常使用。

（2）忌焊剂在烘干或使用过程中无标识

原因：由于焊剂除外包装有型号/牌号标识外，其他地方无任何标识，所以在烘干或焊接过程中如无标识，很容易造成焊剂错用、混用，影响焊接质量，严重时甚至会导致质量事故发生。

措施：JB/T 3223—2017《焊接材料质量管理规程》规定，焊剂在烘干及焊接过程中，应始终配有注明焊剂型号/牌号和炉批号的标识牌，以便进行识别。

（3）忌所有埋弧焊剂回收重复使用

原因：埋弧焊剂回收后，里面会有焊渣颗粒、焊剂结块、灰尘及铁屑等杂质，如直接使用，会由于焊剂洁净度不够和达不到焊接时所需要的焊剂颗粒度，从而失去保护熔池的作用，致使焊缝出现气孔、甚至裂纹等缺陷。

措施：JB/T 3223—2017《焊接材料质量管理规程》规定，焊剂（特别是含铬的烧结焊剂）一般不宜重复使用，但在同时满足下述条件时允许回收重复使用。

1）回收焊剂与新焊剂混用时，应为同批号且添加混合物的质量分数不超过 50%（一般宜控制在 30% 左右）。

2）在混合前，用适当的方法清除回收焊剂中的焊渣、杂质及细粉。

3）混合焊剂的颗粒度符合规定的要求。

（4）忌不同品牌、牌号的焊剂混合使用

原因：由于焊剂的牌号不同，焊剂的成分和性能以及用途也不尽相同（如 SJ101 属于烧结焊剂、HJ431 属于熔炼焊剂），混合在一起使用会造成焊缝的成分和性能发生改变，还会产生焊接缺陷，影响焊缝质量。

措施：不同牌号的焊剂要按照其成分和性能对应金属材料焊接时使用，不得混用。

10.5　焊接保护气体

（1）忌焊接用氩气纯度低于国家标准规定值

原因：氩气的纯度直接决定焊接过程保护质量，如果氩气纯度偏低或含有其他杂质气体或水分，则极易造成焊接电弧不稳定、钨极烧损，同时还会出现焊缝氧化、气孔等缺陷。

措施：GB/T 39255—2020《焊接与切割用保护气体》规定，氩气的纯度应≥99.99%，露点（0.101MPa下）应≤−50℃，水分含量（体积分数）应≤40×10⁻⁴。

（2）忌瓶装氩气完全用尽不留余压

原因：如果气瓶中的氩气完全用尽不留余压，则会导致环境中的空气直接进入瓶体内，污染气瓶，影响气体纯度，同时也不利于充装单位对气瓶原有气体的检测。

措施：GB/T 4842—2017《氩》规定，返回生产厂家充装的氩气瓶不能完全用尽，应留有不低于0.05MPa的余压；如气瓶没有余压，充装前应进行严格的加温、抽空、置换及填气等预处理。

（3）忌焊接钛、铝及其合金不采用高纯氩气

原因：钛、铝及其合金钨极氩弧焊焊接时，采用普通氩气也能进行正常焊接，但是由于普通氩气的纯度往往达不到钛、铝及其合金等活性金属焊接时熔池的保护标准，所以很容易出现气孔缺陷、焊缝金属氧化等。因此，对于钛、铝及其合金的重要结构，钨极氩弧焊焊接一般不采用普通氩气进行焊接保护。

措施：钨极氩弧焊焊接钛、铝及其合金的重要结构时，为保证焊接质量多采用99.999%的高纯氩气。

（4）忌熔化极气体保护焊焊接铝及铝合金时采用 CO_2 气体进行保护

原因：CO_2 气体在高温时，会分解出原子态氧，其具有强烈的氧化性，会使铝材氧化加剧，对于极易氧化的铝合金易生成致密的 Al_2O_3 氧化膜，而 Al_2O_3 氧化膜的熔点非常高，达到2050℃，而铝合金熔点为660℃，从而使焊接接头难以熔合，给焊接造成很大困难。

措施：铝及铝合金焊接时必须采用惰性气体进行保护，一般采用99.999%的高纯氩气。

第 11 章

典型结构和产品焊接

锅炉、压力容器、长输管道等不同的特种设备对焊接工艺和质量的要求均不同，并且不一定可以互相借用。本章对钢结构、压力容器、压力管道、锅炉及长输管道等典型特种设备结构和产品焊接过程中容易出现或混淆的问题进行了梳理和分析。

11.1 钢结构

（1）忌不按照焊接工艺文件施焊

原因：施工方用于指导实际焊接操作的焊接工艺文件，应根据标准、规范要求或工艺评定结果进行编制。符合标准、规范要求或经评定合格的工艺是确保获得满意的焊缝质量和合格的焊接接头力学性能的基础。不按工艺文件进行焊接，会给焊接结构使用的安全性和稳定性带来较大隐患，严重时甚至会发生事故，因此应引起足够关注。

措施：焊接施工前，施工方应制定焊接工艺文件用于指导焊接施工，工艺文件依据焊接工艺评定结果进行制定，焊接过程中应严格按照工艺文件的规定进行焊接。

（2）忌钢结构焊接不符合施焊环境要求

原因：焊接作业环境不符合要求时，会对焊接施工造成不利影响，如环境潮湿或雨、雪天气操作对于任何焊接方法都应避免。因为水分是氢的来源，而氢是导致焊接气孔、氢致冷裂纹产生的重要因素之一；另外，风速较大会使渣或气体对熔化的焊缝金属形成的保护环境遭到破坏。熔化的高温金属被大气中的氧气氧化，空气中的氮也溶于熔池中，致使焊缝中存在大量的密集气孔。

措施：根据 GB 50661—2011《钢结构焊接规范》规定，采取如下措施。

1）焊条电弧焊和自保护药芯焊丝电弧焊，其焊接作业区最大风速不宜超过 8m/s、气体保护电弧焊不宜超过 2m/s，否则应采取有效措施以保障焊接电弧区域不受影响。

2）当焊接作业条件处于下列情况时应严禁焊接：①焊接作业区的相对湿度大于 90%。②焊件表面潮湿或暴露于雨、冰、雪中。③焊接作业条件不符合"企业焊接安全作业技术规程"规定要求。

3）焊接环境温度不低于 -10℃。低于 0℃时，应采取加热或防护措施，确保焊接接头和焊接表面各方向大于或等于 2 倍钢板厚度且不小于 100mm 范围内的母材温度不低于 20℃，且在焊接过程中均不应低于这一温度。

4）当焊接环境温度低于 −10℃ 时，必须进行相应焊接环境下的工艺评定试验，评定合格后方可进行焊接，否则严禁焊接。

（3）忌焊接时对坡口和层、道间清理不彻底

原因：如果焊接前不清理坡口及坡口两侧存在的水分、油污、铁锈等，则在焊接过程中就会使焊缝出现气孔、未熔合、未焊透等缺陷。多层多道焊不进行层间清理，上一层焊接形成的熔渣、飞溅等就会导致焊缝产生未熔合、气孔、夹渣等缺陷，如焊层有缺陷还会熔入下一层焊缝，导致焊缝质量下降，强度降低。

措施：焊接前，必须认真清理坡口及内外两侧各 20mm 范围内的水分、油锈等污物，直至露出金属光泽。多层多道焊时，每焊完一层要仔细清理焊渣、焊缝缺陷及飞溅，在确认无缺陷和杂质后再进行下一层的焊接。

（4）忌焊接时在接头间隙中随意增加填充物

原因：在坡口间隙中塞焊条头或铁块，焊接时难以将焊条头或铁块与被焊件熔为一体，会造成未熔合、未熔透等焊接缺陷（见图 11-1）。同时，还会降低焊接接头强度，使接头的焊缝质量大大降低，达不到设计规范对焊缝的质量要求。

图 11-1　坡口间隙塞入填充物

措施：严格按照焊接工艺要求进行施焊，认真进行层间清理，保证焊缝质量。焊接时应注意以下 3 点。

1）不允许在焊缝中间加塞其他填充物，开始焊接时由于间隙较大，所以应从两侧母材逐步向焊缝中心熔合。

2）采用双面焊接时，正面焊完后应将背面未焊透及熔渣清除干净。

3）焊缝应尽量一次连续完成，盖面焊缝要平整，余高控制在 1~3mm。焊接时采用短弧焊接，收尾时要填满弧坑。每层焊缝的厚度不应大于 4mm，其接头也应相互错开，每焊完一层焊缝，要把表面焊渣和飞溅物等清除干净后才能焊下一层。

（5）忌焊接时先焊长焊缝后焊短焊缝

原因：大型储罐底板焊接时，若先焊接底板长焊缝后焊接短焊缝，那么当长焊缝全焊接完成再焊接底板短焊缝时，短焊缝就会被固定住，无法自由收缩，从而导致焊接接头刚性变大，产生较大的焊接应力和焊接变形，甚至产生裂纹。大型储罐底板分布如图 11-2 所示。

图 11-2　大型储罐底板分布

措施：大型储罐底板焊接时，应先焊短焊缝，后焊长焊缝，先焊拘束力大的焊缝，后焊拘束力小的焊缝。

（6）忌工字梁焊接时不按焊接顺序施焊

原因：工字梁焊接时不按焊接顺序进行施焊，会导致焊件产生扭曲变形，而矫正变形会导致成本增加，且对于大厚度焊件矫形较为困难，如不能满足使用要求，会导致报废。

措施：工字梁焊接时严格按照焊接工艺进行施焊，采取合理的焊接顺序，选择合适的焊接规范，必要时可采取反变形与刚性固定措施。

11.2　压力容器

（1）忌压力容器焊接时预热温度不够或预热温度不均匀

原因：预热温度是用以控制焊缝金属及邻近母材的冷却速度，降低冷裂纹倾向。预热温度不够或不均匀，焊接过程中就会使焊缝温度差加大，产生较大的应力，加大焊缝产生硬化和冷裂纹倾向等。

措施：NB/T 47015—2011《压力容器焊接规程》规定，必须严格按照焊接工艺规定的预热温度进行预热，预热温度要均匀。局部预热的宽度应根据被焊工件的拘束度情况而定，一般应为焊缝区周围各 3 倍壁厚，且不得少于 150 ~ 200mm。尤其是厚板预热时，要从背面测量预热温度，如做不到，应先移开热源，待母材厚度方向上温度均匀后测定温度。温度均匀化的时间按每 25mm 母材厚度需 2min 的比例确定。

（2）忌压力容器焊接时，把焊条拿在手中

原因：焊条拿在手中会吸收空气中的水分，焊接时水分分解成氢、氧元素，氧会导致金属氧化，氢会导致气孔和裂纹，降低焊缝的质量（见图 11-3）。同时，焊条拿在手中还会影响焊工的操作。

图 11-3　手拿焊条进行操作

措施：焊条应放在焊条保温筒内随用随取，并随手关闭保温筒的盖子。

（3）忌压力容器焊接时在坡口外随意引弧

原因：在坡口外随意引弧，电弧擦伤处就会产生淬硬区，尤其是合金元素含量较高的耐热钢、高强度钢，因局部受热后快速冷却，所以在急剧的淬硬过程中形成裂纹，并成为整个部件的开裂源。同时，电弧擦伤的不规则形状还将引起应力集中，易形成细小的裂纹，给焊件的安全性造成危害。

措施：焊接时，焊工操作要稳，引弧、熄弧要果断，一定要在坡口内引弧，避免电弧擦伤到坡口外侧。NB/T 47015—2011《压力容器焊接规程》规定，如发现焊缝外电弧划伤，必须对划伤处进行修磨，使其均匀过渡到母材表面，修磨深度应不大于该部位母材厚度的5%，且不大于2mm，否则应进行补焊。

（4）忌多层多道焊时不控制层道间温度

原因：多层多道焊时，如果层道间温度低于预热温度，层道间易产生冷裂纹等缺陷；层道间温度过高，会使焊缝晶粒粗大，导致焊缝的塑性和韧性降低，影响焊缝使用寿命。

措施：多层多道焊时，要严格控制层道间温度，层道间最低温度不低于预热温度，层道间最高温度不超过焊接工艺评定规定的上限值。NB/T 47015—2011《压力容器焊接规程》规定，碳素钢和低合金钢的最高预热温度和道间温度不宜大于300℃，奥氏体不锈钢最高道间温度不宜大于150℃。

（5）忌多层多道焊时焊缝引弧、熄弧处重叠

原因：焊缝接头处最容易出现焊接缺陷和应力集中，如焊缝接头重叠在一起，会导致缺陷和应力的叠加，影响焊缝的质量和使用寿命，同时也会使焊缝接头余高过高。

措施：多层多道焊时，每一层的焊缝引弧和熄弧处必须错开25～30mm，并在引弧点处前端 15 ~ 20mm 处引弧。

（6）忌压力容器焊接时收弧弧坑未填满

原因：熄弧弧坑不填满会削弱焊缝的强度，焊缝冷却后会在弧坑中产生低熔点共晶物、裂纹等缺陷，严重影响焊缝的质量。

措施：选择合适的焊接电流，收弧速度不宜过快，采用灭弧或回焊收尾的熄弧方法填满弧坑。

（7）忌对压力容器焊缝返修不作规定

原因：随着焊缝返修次数的增加，焊缝中溶解的氢向过热区的扩散量就会增加，成为产生热影响区冷裂纹的隐患；另外，过热区的晶粒因多次受热而长大，造成组织不均匀和力学性能下降。因此，若多次对焊缝同一部位进行返修，则会造成母材热影响区的热应变脆化，对压力容器的使用安全有不利影响。

措施：压力容器焊缝返修应分析缺陷产生的原因，提出相应的返修方案。按照规定进行焊接工艺评定或者具有经过评定合格的焊接工艺规程支持，施焊时应有详尽的返修记录。压力容器上焊缝同一部位的返修次数不应超过 2 次。

对经过 2 次返修仍不合格的焊缝，如再进行返修，应经制造单位技术负责人批准。返修的次数、部位和无损检测结果等，应记入压力容器质量证明书中。要求焊后热处理的压力容器，一般在热处理前焊接返修；有特殊耐腐蚀要求的压力容器，返修部位仍需要保证不低于原有的腐蚀性能；返修部位应按照原要求经过检验合格。

11.3 压力管道

（1）忌对压力管道使用的焊接材料不进行验收检查

原因：压力管道在施工前，如果对焊接材料不进行相应的检查验收，容易把不合格的焊接材料应用到管道的焊接中，导致焊接质量达不到标准、规范或技术条件的要求，存在安全隐患，严重时会造成事故。

措施：GB 50236—2011《现场设备、工业管道焊接工程施工规范》规定，焊接材料使用前应按设计文件和国家现行有关标准的规定进行检查和验收，并应符合以下规定。

1）包装应完好，无破损、受潮现象；包装标记应完整、清晰。

2）焊接材料质量证明文件所提供的数据应符合要求。

3）焊接材料外观质量应符合要求，其识别标志应清晰、牢固，并与产品实物相符。

4）应根据有关标准或供货协议的要求进行相应的焊接材料试验或复验。

5）按照 JB/T 3223—2017《焊接材料质量管理规程》的规定进行焊接材料的保管、烘干、清洗、发放、使用和回收。

（2）忌管道组对时，坡口定位焊长度和厚度不符合要求

原因：坡口定位焊长度和厚度不符合要求，在焊接过程中由于受热和焊接应力的影响，定位焊点容易开裂，造成错边、间隙变大或变小，导致焊接时形成未焊透、未熔合及内咬边等缺陷。

措施：坡口定位焊应采用与根部焊道相同的焊接材料和焊接工艺，并由具有资质的合格焊工施焊，定位焊缝长度宜为 10~15mm，且厚度不超过壁厚的 2/3，定位焊缝均匀分布，不得有裂纹及其他缺陷，保证在正式焊接过程中接头不致开裂。

（3）忌管道焊接时在定位焊点上起弧

原因：在坡口定位焊点上引弧，定位焊点容易因受热的影响而开裂，使焊件出现错边、间隙变大或变小，导致未焊透、未熔合及内咬边等缺陷，影响焊缝质量。

措施：焊接引弧时，应在坡口内两定位焊点之间引弧，并注意保证焊缝引弧的质量。

（4）忌管道采用氩弧焊打底后不及时进行填充、盖面焊

原因：管道坡口采用氩弧焊打底焊道比较薄，由于焊接过程中存在一定的焊接应力，所以如长时间不进行填充、盖面焊，则容易导致打底焊出现开裂，有时会出现细小的裂纹且不易被发现，若熔入到下一道焊缝中，则存在质量隐患。

措施：管道氩弧焊打底焊接完成后，应立即进行填充和盖面焊接，间隔时间一般不超过 10min。

（5）忌奥氏体不锈钢外的其他金属材料用水冷来降低层间温度

原因：除奥氏体不锈钢外，其他金属材料焊接过程中用水冷却，就会使焊缝金属产生淬硬组织，变得硬而脆，严重时会导致裂纹的产生。

措施：除奥氏体不锈钢焊接过程中可用水冷却外，其他金属材料均需采用空冷或自然冷却来降低层间温度。

（6）忌有延迟裂纹、再热裂纹倾向的压力管道焊接接头焊后立即进行无损检测

原因：对于有延迟裂纹倾向的材料，如低合金高强钢，焊后容易产生延迟冷裂纹，在焊后几小时至十几小时或几天后才出现。若无损检测安排在焊后立即进行，就有可能使容易产生延迟裂纹材料的焊缝检测结果无效。

对有再热裂纹倾向的材料（诸如铬钼中高合金钢），在焊接和热处理后都有出现再热裂纹的可能，无损检测应在热处理后进行。

措施：GB 50236—2011《现场设备、工业管道焊接工程施工规范》规定，对有延迟裂纹倾向的材料（如 07MnNiVDR 钢），压力管道无损检测应在焊接完成 24h 后进行。对有再热裂纹倾向的接头（如 12Cr5Mo 钢），无损检测应在热处理后进行。

11.4 锅炉

（1）忌锅炉受压元件焊缝无焊工施焊标识、不建立焊工技术档案

原因：若锅炉受压元件焊缝无焊工施焊标识、不建立焊工技术档案，则不能保证焊缝质

量的可追溯性，不能约束执行焊接工艺的自觉性，不利于焊接质量管理。

措施：根据 TSG 11—2020《锅炉安全技术规程》规定，具体措施如下。

1）焊工应按照焊接工艺施焊并做好施焊记录。

2）锅炉受压元件的焊缝附近应打焊工代号钢印，对不能打钢印的材料应有焊工代号的详细记录。

3）制造单位应建立焊工技术档案，并且对施焊的实际工艺参数和焊缝质量以及焊工遵守工艺纪律情况进行检查评价。

（2）忌锅炉受压元件焊接和胀接的顺序颠倒

原因：如锅炉受压元件焊接和胀接顺序不符合规范，则影响施工质量，也不符合锅炉安装工程施工及验收规范。

措施：锅炉受压元件管子一端为焊接，另一端为胀接时，应先焊后胀。

（3）忌锅炉所有受压元件管子上的附属焊接件在水压试验后焊接

原因：锅炉受压元件管子上与附属焊接件相焊的焊缝也是承压焊缝。

措施：锅炉受压元件的管子上所有的附属焊接件均应在水压试验前焊接完毕。

（4）忌将水管锅炉的 9% ~ 12% Cr 马氏体耐热钢焊缝硬度、金相组织漏检

原因：马氏体耐热钢焊缝硬度过高，会造成焊缝金属韧性下降，影响焊缝的使用寿命；焊缝金相组织中铁素体含量超标，会造成珠光体球化，引起炉管老化。

措施：DL/T 438—2016《火力发电厂金属技术监督规程》规定，对于 9% ~ 12% Cr 钢对接焊缝，应采取如下措施。

1）公称直径大于 150mm 或壁厚大于 20mm 的管道，100% 进行焊缝的硬度检测；其余规格管道的焊接接头按 5% 抽检；焊后热处理记录显示异常的焊缝应进行硬度检测；焊缝硬度应控制在 180 ~ 270HBW，热影响区的硬度应≥175HBW。

2）公称直径大于 150mm 或壁厚大于 20mm 的管道，按 20% 进行焊缝的金相组织检测，硬度超标或焊后热处理记录显示异常的焊缝应进行金相组织检测。

3）焊缝金相组织中的 δ - 铁素体含量不超过 5%，最严重的视场不超过 10%；熔合区金相组织中的 δ - 铁素体含量不超过 10%，最严重的视场不超过 20%。观察整个检验面，100 倍下取 10 个视场的平均值。

（5）忌锅炉的锅筒（锅壳）、炉胆等受压元件拼接焊缝有咬边

原因：锅炉的锅筒（锅壳）、炉胆、集箱的纵（环）缝及封头（管板）的拼接焊缝是锅炉的主要受压元件部位，咬边缺陷降低了焊缝强度。因受压元件部位在使用过程中受交变应力的作用，同时咬边的位置存在应力集中，故很容易成为焊缝的开裂源，在长时间内使用，裂纹就会扩展，最终造成受压元件失效，甚至发生事故。

措施：TSG 11—2020《锅炉安全技术规程》规定，锅炉的锅筒（锅壳）、炉胆、集箱的纵（环）缝及封头（管板）的拼接焊缝应无咬边，其余焊缝咬边深度不超过 0.5mm，管子焊缝两侧咬边总长度不超过管子周长的 20%，且不大于 40mm。

11.5 长输管道

（1）忌受潮的纤维素型焊条烘干温度过高

原因：烘干温度过高会使药皮中纤维素分解，药皮开裂，电弧不稳定，不利于保证焊接质量。

措施：根据 Q/SY 1078—2010《管道下向焊接工艺规程》的规定，纤维素型焊条不宜进行烘干，受潮后，纤维素型焊条的烘干温度为 80 ~ 100℃，保温时间为 0.5 ~ 1h，纤维素型焊条不得二次烘干。

（2）忌纤维素型焊条发红时还继续进行焊接

原因：纤维素型焊条发红就会使药皮中的造气剂提前散发成烟雾，使熔池失去了气体保护，从而产生气孔。同时，药皮向焊缝过渡的有益元素也会提前烧损，对焊缝性能产生影响。

措施：根据 GB 50369—2014《油气长输管道工程施工及验收规范》的规定，在焊接过程中，如出现焊条药皮发红、燃烧或严重偏弧时，应立即更换焊条，不得继续使用。

（3）忌长输管道焊接时，根焊道和热焊焊道间隔时间太长

原因：如果长输管道坡口中的根焊和热焊间隔时间太长，层间温度就会降低，达不到焊接所需的温度要求，使根焊焊缝易产生裂纹和断裂等。

措施：根据 Q/SY 1078—2010《管道下向焊焊接工艺规程》的规定，根焊道焊完后，应尽快进行热焊焊道焊接，热焊焊道和根焊道的间隔时间不宜超过 10min，层间温度应按照焊接工艺规程规定的温度执行；热焊焊道的焊接应采用大电流、快速焊的方式，在短时间内完成热焊焊道的焊接。

（4）忌采用外对口器进行管子组对时定位焊焊接完就拆卸对口器

原因：管道定位焊完就拆卸外对口器，定位焊点可能会开裂，造成错口等现象，影响焊接质量。

措施：根据 GB 50369—2014《油气长输管道工程施工及验收规范》的规定，撤除外对口器前根焊应完成 50% 以上，且焊完的焊道应沿管周长均匀分布，但对口支撑或吊具则应在完成全部根焊道后撤除。

（5）忌长输管道没完成根焊就撤除内对口器

原因：长输管道组对时，应优先选用内对口器。对口器的拆卸或移动，必须是根焊焊缝焊接足够长度，具有一定的强度，防止根焊开裂。

措施：根据 GB 50369—2014《油气长输管道工程施工及验收规范》的规定，使用内对口器时，应在完成 100% 根焊后再拆卸和移动对口器。移动对口器时，管子应保持平衡。

（6）忌对管道打底层焊道进行锤击

原因：若对管道打底层进行锤击，则会因焊道较薄强度不足而导致根部裂纹，也会因锤击出的裂纹未被发现，使裂纹被下层焊道所掩盖。

措施： 管道多层多道焊接时，打底层焊道绝不能锤击，可以用电动钢丝轮和磨光机轻轻打磨清理。

（7）忌管道全位置下向焊接时每一层焊道太厚

原因： 管道全位置下向焊接时，每一层的焊道厚度过大，药皮熔化形成的熔渣会流淌到熔池液态金属的前面而破坏熔渣对熔池的保护效果，焊接过程中会产生气孔、夹渣、焊道成形差等缺陷。

措施： 根据 Q/SY 1078—2010《管道下向焊接工艺规程》的规定，全位置下向焊接时应遵循薄层多遍焊道的原则，层间应仔细清除熔渣和飞溅物，对根焊及各填充焊道产生的凸起部分和接头高点进行必要的修磨。

（8）忌长输管道组对时两管口螺旋焊缝或直缝不错开

原因： 如果螺旋管焊缝和直缝未错开，则会加大焊缝的应力，易变形产生裂纹。重复的焊接热输入，会导致其组织晶粒粗大而影响性能。

措施： 根据 GB 50369—2014《油气长输管道工程施工及验收规范》的规定，长输管道施工组装时，两钢管管口螺旋焊缝或直缝间距错开间距≥100mm。当采用直缝管时，制管焊缝应放置在圆的上半周。

（9）忌直接在长输管道"焊缝裂纹"缺陷上返修

原因： 焊接裂纹是危害性最大的焊接缺陷，如果直接在裂纹缺陷处进行返修，很可能加大裂纹的扩展，同时还会因裂纹末端的尖锐缺口而引起应力集中，成为管道失效破坏的起源点，甚至导致焊缝断裂造成事故。

措施： 根据 GB 50369—2014《油气长输管道工程施工及验收规范》的规定，所有带裂纹的焊缝应从管道上切除，焊道出现的非裂纹性缺陷，可直接返修。

焊缝返修应使用评定合格的返修焊接工艺规程，焊缝在同一部位的返修不应超过 2 次，根部只能返修 1 次，返修后应按原标准检测。

第12章

焊接方法

特种设备焊接常用的工艺方法主要有焊条电弧焊、埋弧焊、钨极氩弧焊（TIG焊）、熔化极气体保护焊（MIG焊、MAG焊和CO_2气体保护焊等）和气电立焊等，每一种焊接工艺的操作都有其特点，如操作不当则容易产生缺陷等质量问题。本章总结了特种设备制造中常用焊接工艺方法施工过程中容易出现的失误和问题，并描述了正确的施工操作。

12.1 焊条电弧焊

（1）忌焊条电弧焊时选用电源的种类不正确

原因：焊条按用途、熔渣性质、药皮主要成分、性能特征及不同角度等分为不同的种类，不同种类的焊条对电源种类的要求也不同。

措施：焊条电弧焊既可用交流电源，也可用直流电源。

用直流电源焊接的最大特点是电弧稳定、柔顺、飞溅小，容易获得优质焊缝，但直流电弧有极性和明显的磁偏吹现象。焊件接电源正极、焊条接电源负极的接线法叫正接，也称正极性；焊件接电源负极、焊条接电源正极的接线法叫反接，也称反极性。直流弧焊机的不同极性接法如图12-1所示。

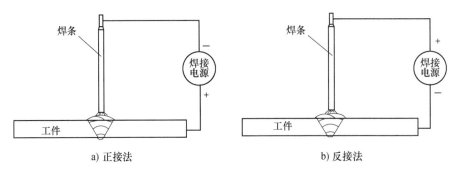

a) 正接法   b) 反接法

图12-1　直流弧焊机的不同极性接法

碱性焊条正接时，电弧燃烧不稳定，飞溅严重、噪声大。采用反接时，不仅电弧燃烧稳定、飞溅很小，而且声音较平静均匀。使用稳弧性差的低氢钠型焊条电弧焊时，为了焊接电弧稳定和减少气孔，常采用直流反接。

用铁粉焊条采用交流电源在平焊位置焊接时，可选较大的焊条直径，较高的焊接电流。酸性焊条也常用交流电源。交流电源焊接有两大优点：一是电源成本低；二是电弧磁偏吹不明显。

（2）忌焊条电弧焊采用不正确的引弧操作

原因： 引弧动作如果太快或焊条电弧提的过高，则不易建立稳定的电弧或引弧后易于熄灭。引弧动作如果太慢，又会使焊条和工件粘在一起，产生短路使焊条黏结，造成药皮脱落，也不能建立电弧。

措施： 焊条电弧焊的引弧方法有敲击法和划擦法两种。

1）敲击法：使焊条与焊件表面垂直地接触，当焊条的末端与焊件的表面轻轻一碰，便迅速提起焊条并保持一定的距离，可立即引燃电弧。操作时焊工必须掌握好手腕上下动作的时间和距离。

2）划擦法：先将焊条末端对准焊件，然后将焊条在焊件表面划擦一下，当电弧引然后趁金属还没有开始大量熔化的一瞬间，立即使焊条末端与被焊表面的距离维持在 2～4mm，电弧就能稳定地燃烧。如果发生焊条和焊件粘在一起时，只要将焊条左右摇动几下，就可脱离焊件；如果这时还不能脱离焊件，就应立即将焊钳放松，使焊接回路断开，待焊条稍冷后再拆下。

（3）忌焊条电弧焊熄弧时立即拉断电弧

原因： 焊接过程中，如果立即拉断电弧，容易形成表面弧坑。过深的弧坑，不仅影响焊缝的外观，而且还会使焊道收尾处的强度减弱，严重时可造成应力集中或弧坑裂纹。

措施： 焊接结束时，要做好焊缝的收尾，以利于获得良好的焊缝成形。收尾方式有很多，常用的有反复断弧收尾法、画圈收尾法、回焊收尾法以及转移收尾法等（见图12-2）。

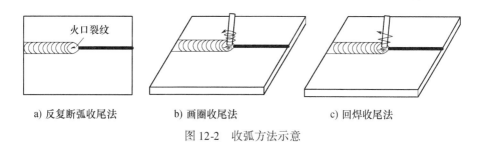

a) 反复断弧收尾法 b) 画圈收尾法 c) 回焊收尾法

图12-2 收弧方法示意

12.2 埋弧焊

（1）忌埋弧焊电弧电压较低时，干伸长过长

原因： 在焊接电流不变的情况下加大焊丝的伸出长度，可以使焊丝的熔化速度得到一定提高。但在电弧电压较低时，焊缝熔深和熔宽都将减少，用加大焊丝伸出长度焊接的焊缝与正常焊丝伸出长度的焊缝形状完全不同。另外，焊丝干伸长过长会影响焊丝伸出部分的刚性，对焊接过程稳定性造成不利影响。

措施：电弧电压较低时，不宜将焊丝的伸出长度加大。若要加大焊丝的伸出长度，应同时提高电弧电压，以保持适当的弧长，达到提高焊接效率的目的。

（2）忌焊接大厚度工件时，盲目选用单面V形坡口

原因：接头开坡口的目的主要是使焊丝很好地接近接头根部，保证熔透。此外，还可改善焊缝成形、调整母材的熔合比和焊缝金属组织形态等。

单面焊双面成形焊缝表面应圆滑过渡至母材，表面不得有裂纹、未熔合、夹渣、气孔、焊瘤及咬边等缺陷，焊缝内部同样不允许有缺陷。单面焊双面成形适用于较薄的工件，若工件厚度较大，强行采用单面焊双面成形，则会形成众多缺陷。

措施：工件焊接的坡口形式应根据设计文件及相关标准，若两面施焊，可开双 V 形（或 X 形）或 U 形坡口。

在同样工件厚度下，V 形坡口较 U 形坡口消耗较多的填充金属，工件越厚，消耗越多，但 U 形坡口加工费较高。一般情况下，工件厚度为 12 ~ 30mm 时，宜开单 V 形坡口；工件厚度为 30 ~ 50mm 时，宜开双 V 形坡口；工件厚度为 20 ~ 50mm 时，可开 U 形坡口；工件厚度为 50mm 以上时，可开双面 U 形坡口（见图 12-3）。

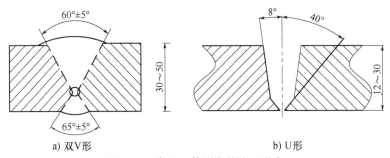

a) 双V形　　　　　　　　　　　b) U形

图 12-3　常见工件厚度的坡口形式

（3）忌为了提高焊接效率，盲目增加埋弧焊电流

原因：改变焊接电流，可以改变焊丝的熔化速度和焊缝熔透深度。在一定的焊接速度下，若焊接电流过大，会使热影响区宽度增大，并产生过热组织，使接头韧性降低；此外，还会使焊缝产生咬边、焊瘤或烧穿等缺陷；过度加大焊接电流，必然导致焊缝余高过大和焊缝的熔透深度过量，致使焊缝成形不良（见图 12-4）。这种过度的焊缝成形又加剧了焊缝的收缩，从而容易引起焊接裂纹、夹渣等缺陷，以及过大的焊缝变形。

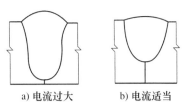

a) 电流过大　　　b) 电流适当

图 12-4　不同焊接电流形成的焊缝截面形状

措施：应根据焊缝的设计条件制定焊缝的焊接工艺，需要增加焊接电流的同时，必须相应地提高电弧电压，以保证得到合适的焊缝形状。

（4）忌在埋弧焊焊接电流、电弧电压一定时，盲目增大焊接速度

原因： 在其他条件不变的情况下，提高焊接速度，使单位长度焊缝上输入的热量减小，加入的填充金属量减小，于是熔深减小，余高降低，焊道变窄。过快的焊接速度减弱了填充金属与母材之间的熔合并加剧咬边和焊道形状不规则的倾向。

措施： 提高焊接速度的同时必须加大电弧功率（即同时加大焊接电流和电弧电压保持恒定的热输入量），才能保证恒定的熔深和熔宽。焊接速度对焊缝成形的影响如图 12-5 所示。

 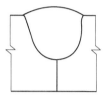

a) 焊接速度过快成形　　b) 正常焊接速度成形

图 12-5　焊接速度对焊缝成形的影响

（5）忌埋弧平焊加碎丝工艺时，焊道中碎丝层过厚

原因： 埋弧平焊加碎丝填充的工艺常用于大型原油储罐底板的焊接。焊接时先采用熔化极气体保护焊进行封底焊接，然后在焊道中添加碎丝，再使用埋弧焊一次填充及盖面焊接成形，大大提高了储罐底板的焊接效率。

但为提高焊接效率，往往在焊缝中碎丝添加量过多、碎丝层过厚，使焊接时容易出现碎丝未完全熔化，从而导致焊缝中出现未焊透、层间未熔合等焊接缺陷；而且储罐底板特殊的工况限制，底板焊缝无法进行射线检测等，很容易使底板焊缝存在焊接缺陷，导致介质泄漏。

措施： 由于埋弧焊接过程中无法观察熔池的熔合情况，因此在采用的焊接参数一定的情况下，焊接厚度及碎丝层的添加厚度至关重要。经过焊接实践验证，在底板厚度为 12mm 时，焊道中添加碎丝低于母材 1～2mm 为宜，但一般不能低于母材 3mm（见图 12-6）。

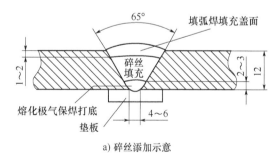 

a) 碎丝添加示意　　　　　　　　　b) 添加碎丝的埋弧焊坡口

图 12-6　碎丝添加

（6）忌埋弧平焊加碎丝工艺盖面焊道出现塌陷

原因： 在埋弧平焊加碎丝工艺填充、盖面焊时，如果打底焊垫板与垫板之间的连接点焊接太薄，碎丝添加量过少，焊接电流、电弧电压过大，以及焊接速度过慢等，则会出现盖面焊道中间低于母材的现象，即焊缝塌陷。

措施：底板添加的垫板之间间隙一定要焊满，控制好碎丝的添加量。在底板厚度为 12mm 时，一般填丝厚度以（8±1）mm 为宜，控制好焊接电流、电弧电压不宜过大，焊接速度不宜过慢。埋弧平焊加碎丝焊接工艺推荐参数见表 12-1。

表 12-1　埋弧平焊加碎丝焊接工艺推荐参数

项目	焊接方法	焊丝直径/mm	电流种类	焊接电流/A	电弧电压/V	层厚/mm	干伸长/mm
打底焊	GMAW/FCAW	1.2	DCEP	180~220	23~26	3±1	10~20
填充盖面焊	SAW+碎丝	4.8	DCEP	680~720	34~36	碎丝添加量8±1	25~30

（7）忌双丝埋弧焊接时全部采用直流电源

原因：双丝埋弧焊是同时供给两根焊丝的埋弧焊工艺，熔敷效率比一般单丝埋弧焊高 40% 以上，厚件焊接速度比单丝埋弧焊高 50%~70%，且热输入小、焊接变形小。焊接时，每一根焊丝都对应一台焊接电源供电，这时每根焊丝有各自的送丝机构、电压控制机构和焊丝导电嘴。这样的焊接工艺可调节的参量多，如焊丝排列方式与相互位置、电弧电压、焊接电流和电流类型等都可以根据需要进行调节，因而可以获得较为理想的焊缝形状和最高的焊接速度。但是，两个相距过近的电弧因受到彼此之间的磁场作用而发生磁偏吹现象，双丝焊磁偏吹现象的状态与电弧的供电电源类型有直接关系。

措施：为了克服双丝埋弧焊两个电弧之间的磁偏吹，目前最常用的组合是前导焊丝用直流电，后随焊丝用交流电的形式，可使焊丝之间的磁偏吹减到最小。双丝埋弧焊工艺的两个电弧之间的距离越小越好，可以避免出现气孔。

12.3　熔化极气体保护焊

（1）忌熔化极气体保护焊丝的干伸长超出应用范围

原因：焊接电流一定时，干伸长的增加，会使焊丝熔化速度增加，但电弧电压下降，电流降低，电弧热量减少。

干伸长过长时，会导致气体保护效果不好、易产生气孔、引弧性能变差、电弧不稳、飞溅加大、熔深变浅，以及成形不良等问题；干伸长过短时，会导致焊工看不清电弧、喷嘴易被飞溅物堵塞、飞溅大、熔深变深，以及焊丝易与导电嘴粘连等问题（见图 12-7）。

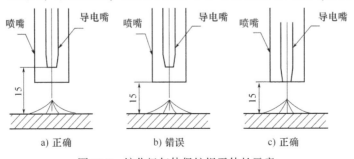

图 12-7　熔化极气体保护焊干伸长示意

措施：焊接过程中，保持焊丝干伸长不变是保证焊接过程稳定性的重要因素之一。通常干伸长应为焊丝直径的 10~15 倍。

（2）忌焊接参数中，焊接电流、电弧电压、送丝速度不匹配

原因：采用小电流焊接时，电弧电压过高，金属飞溅将增多；若电弧电压太低，则焊丝容易伸入熔池，使电弧不稳。采用大电流焊接时，若电弧电压过大，则金属飞溅增多，容易产生气孔；若电弧电压太低，则电弧太短，使焊缝成形不良。随着焊接速度的增大，焊缝的宽度、余高和熔深都相应地减小。如果焊接速度过快，气体的保护作用就会受到破坏，同时使焊缝的冷却速度加快，这样不仅会降低焊缝的塑性，而且使焊缝成形不良。反之，如果焊接速度太慢，焊缝宽度就会明显增加，熔池热量集中，容易发生烧穿等缺陷。

措施：一般考虑板厚、层数、位置等因素确定焊丝直径，再确定合适的焊接电流，然后匹配最佳的电弧电压。焊接电流与电弧电压的最佳匹配范围较窄，通常只有 ±1V。一般可以通过观察电弧的行为、焊丝的熔化、液态金属的铺展、收弧时熔滴的大小等现象，以及听电弧的声音等来辅助判断参数匹配是否合适。一般焊接电源设置一元化功能，电流、电压会自动匹配。焊工也可以根据实际情况自己调整匹配值，以保证焊接效率和质量（见表12-2）。

表 12-2　部分规格焊丝电弧电压与焊接电流匹配范围

焊丝直径/mm	短路过渡		颗粒状过渡	
	焊接电流/A	电弧电压/V	焊接电流/A	电弧电压/V
1.0	70~120	18~22	—	—
1.2	90~150	19~23	160~400	25~38
1.6	140~200	20~24	200~500	26~40
2.0	—	—	200~600	27~40

（3）忌 CO_2 气体保护焊时，CO_2 气体流量过大或过小

原因：若 CO_2 气体流量太大，气体在高温下的氧化作用加大，则会加剧合金元素的烧损，减弱 Si、Mn 元素的脱氧还原作用，在焊缝表面出现较多的 SiO_2 和 MnO 渣层，使焊缝容易产生气孔等缺陷。若 CO_2 气体流量太小，则气体流层挺度不强，对熔池和熔滴的保护效果差，也容易使焊缝产生气孔等缺陷。

措施：CO_2 气体流量与焊接电流、焊接速度、焊丝干伸长及喷嘴直径等有关，气体流量应随焊接电流的增大、焊接速度的增加和焊丝伸出长度的增加而加大。一般 CO_2 气体流量为 8~25L/min。

（4）忌 CO_2 气体保护焊时，流量计不使用加热装置

原因：因为气瓶内的液态 CO_2 转化为气态需要消耗大量的热，为避免温度过低将流量计冷冻，阻碍 CO_2 气体顺畅流出，必须使用流量计加热器进行加热。另外，CO_2 气体中含有少量的水分，在焊接过程中分解成 O_2、H_2，会导致焊缝出现氢气孔，加热可以显著降低 CO_2

气体中的水分含量，从而抑制氢气孔的出现。

措施：使用 CO_2 气体专用流量计（见图 12-8），并与焊机后面的电源相连接。为了保证使用人员的安全，专用流量计加热电源不采用 220V 常用电压，一般采用 12～36V。为了方便使用，一般在焊接电源上安装 12～36V 输出插座，专供流量计加热电源使用。

图 12-8　CO_2 专用流量计

（5）忌熔化极 CO_2 气体保护焊用错焊接电源极性

原因：当熔化极气体保护焊使用电源正极性（焊件接正极、焊丝接负极）焊接时，正离子飞向焊丝端部的熔滴，机械冲击力大，容易形成大颗粒飞溅；而反极性焊接时，飞向焊丝端部的电子撞击力小，致使斑点压力大为减小，因而飞溅少。

措施：熔化极 CO_2 气体保护焊时，焊接电源应选用直流反接。

（6）忌多层焊道的中间焊道凸起

原因：多层焊接时要特别注意坡口两侧的熔合情况，中间焊道与坡口间不宜形成凸起部分，避免产生未焊透和夹渣等缺陷而影响焊接质量（见图 12-9）。

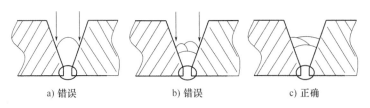

a) 错误　　　　　　b) 错误　　　　　　c) 正确

图 12-9　焊缝填充焊示意图

措施：采用沿坡口进行月牙摆动焊接时，应在两侧稍作停留，在中间移动较快，使焊道表面趋于平整；或者采用直线焊接时，分清焊道次序和宽度，防止中间出现凸起，在两侧与坡口表面之间出现尖角。

（7）忌在弧坑处直接引弧

原因：在焊道结束弧坑处直接引弧，易产生接头未熔合、焊缝凸起等缺陷。

措施：在弧坑前方 10～20mm 处引弧，然后将电弧引向弧坑，在熔化金属与原焊缝金属熔合后，再将电弧引向前方，或者从中心摆动前进，进行正常焊接，如图 12-10 所示。

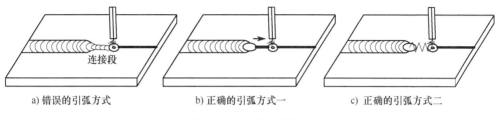

a) 错误的引弧方式　　　　b) 正确的引弧方式一　　　　c) 正确的引弧方式二

图 12-10　焊接引弧示意

12.4　钨极氩弧焊

（1）忌直流钨极氩弧焊盲目使用反接法

原因： 钨极氩弧焊时如果钨极作为正极，则钨极承受电子的轰击，温度高、发热多，钨极烧损快，不仅无法使电弧长期稳定燃烧，而且熔化的钨过渡到熔池又会造成焊缝夹钨缺陷。钨极氩弧焊时，采用直流正接，钨极接焊接电源负极，作为热阴极，钨极发射电子时带走一部分能量而得到冷却，可提高许用电流，同时钨极烧损少；工件接正极，接受电子轰击，温度较高，适用于焊接厚件及散热快的金属，以及常规碳素钢、不锈钢、镍合金等的焊接。钨极氩弧焊极性特点如图 12-11 所示。

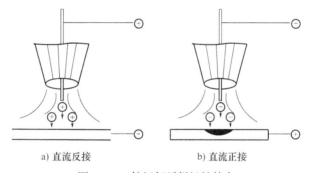

a) 直流反接　　　　　　　　b) 直流正接

图 12-11　钨极氩弧焊极性特点

措施： 直流钨极氩弧焊直流正接（工件接正）焊接时，钨极热电子发射能力比工件强。因发射电子时带走一部分热量而冷却钨极，故可以允许钨极通过较大的电流，并使电弧稳定而集中，因此容易得到深而窄的焊缝，生产率高。电源种类和极性的选择见表 12-3。

表 12-3　电源种类和极性的选择

电源种类和极性	被焊金属材料
直流正接	低碳钢、低合金钢、不锈钢、耐热钢、铜、钛及其合金
直流反接	适用各种金属材料的熔化极氩弧焊
交流电源	铝及其合金

（2）忌焊接电流过大时采用尖锥角钨极

原因： 采用钨极细直径尖锥角进行较大电流焊接时，会使电流密度过大，造成钨极末端过热熔化并增加烧损。同时，电弧斑点也会扩展到钨极末端锥面上，使弧柱明显扩展、飘荡不稳，影响焊缝成形。

措施：大电流焊接时应选用直径较粗的钨极，并将其末端磨成钝锥角或平顶的锥形。钨极尖端形状如图 12-12 所示。

图 12-12　钨极尖端形状

(3) 忌喷嘴气体流量和喷嘴直径超过范围

原因：手工氩弧焊喷嘴气流过小或喷嘴直径过大，会使气流挺度差，排除周围空气的能力弱，保护效果不佳；若气流太大或喷嘴直径过小，会因气流速度过高而形成紊流，这样不仅缩小了保护范围，还会使空气卷入，降低保护效果。

措施：喷嘴直径的大小直接影响保护区的范围，一般根据钨极直径来选择。按生产经验，2 倍的钨极直径加上 4mm 即为选择的喷嘴直径。流量合适时，熔池平稳，表面明亮无渣，无氧化痕迹，焊缝成形美观；流量不合适时，熔池表面有渣，焊缝表面发黑有氧化皮。氩气的合适流量为 0.8 ~ 1.2 倍的喷嘴直径（见图 12-13）。

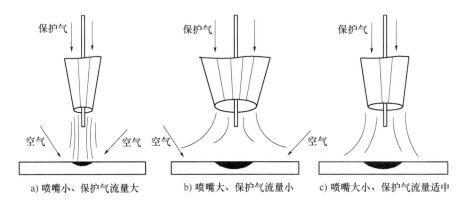

a) 喷嘴小、保护气流量大　　　b) 喷嘴大、保护气流量小　　　c) 喷嘴大小、保护气流量适中

图 12-13　喷嘴大小和气体流量对保护效果的影响

(4) 忌盲目加大氩弧焊电弧长度

原因：电弧长度增加时，焊缝宽度增加，熔深减小，易产生未焊透及咬边缺陷，并使熔池保护效果变差。反之，则不易看清熔池，送丝时易碰到钨极而引起短路，使钨极受污染而加大烧损、脱落，形成夹钨缺陷。焊接速度增加时，熔深、熔宽减小，过快的焊接速度会使

气体保护氛围破坏，易产生未焊透和气孔，焊缝高且窄，两侧熔合不良。焊接速度过慢时，焊缝宽，背面下塌严重，且容易烧穿。

措施：通常使用的弧长近似等于钨极直径。焊接速度通常是由焊工根据熔池的大小、形状和焊件熔合情况随时进行调节。

（5）忌氩弧焊保护气路漏气

原因：若氩气输送管道与氩气表、氩弧焊枪接口漏气，氩弧把气管有破损及钨极偏心、氩气流量过大或过小，都有可能导致空气混入到保护气中，严重的会导致熔池出现气孔，降低焊缝合格率，因此焊前必须对以上环节进行检测试验，以保证正常焊接。

措施：试验检测气体是否满足焊接要求时，应找一块钢板，打磨露出金属光泽。

第一步，对打磨区域自熔，即将母材或焊缝表面熔化，但不需要填充焊丝。

第二步，填充焊丝焊接。

第三步，对焊缝表面进行自熔。

第四步，对自熔部分进行填丝焊接。

第五步，将上一层焊缝表面进行再一次填丝焊接，如果氩气纯度不能满足焊接要求，或有些部位漏气，试气时就会出现气孔。

（6）忌对铝、镁及其合金进行钨极氩弧焊焊接时采用直流反接

原因：铝、镁及其合金焊接时需要用交流方波钨极氩弧焊电源。采用交变的方波电源，正半波（钨极为负极）钨极可以得到冷却，以减少烧损，加热工件；负半波（焊件为负极）具有阴极破碎的作用，可清理工件表面氧化膜。因此，交流钨极氩弧焊具有直流钨极氩弧焊正反接的优点，是铝、镁及其合金的最佳焊接方法。

如果采用直流反接，钨极为正极，则会产生动能较大的阳离子，撞击铝、镁及其合金表面的氧化膜，具有清洁的作用，但是钨极温度高、烧损严重，许用电流小，焊件上产生的热量少，焊接生产效率低，不利于进行焊接。如果采用直流正接，钨极为负极，则无法去除铝、镁及其合金表面的氧化膜，因此焊接无法进行。

措施：铝、镁及其合金采用钨极氩弧焊焊接时，一般采用交流方波电源。

12.5 气电立焊

（1）忌气电立焊水冷前铜滑块选用不合适

原因：气电立焊是结合了熔化极气体保护焊和电渣焊两种焊接方法的工艺特点而形成的一种高效焊接方法。焊接时电弧轴线方向与焊缝熔深方向垂直，在焊缝的正面使用滑动水冷铜块，背面使用固定式水冷铜衬垫，药芯焊丝送入焊件和挡块形成的凹槽中熔化形成液态金属，熔池四面受到约束，可实现单面焊双面一次成形。根据气电立焊特殊的设备及工艺特点，焊缝的成形主要受前后水冷铜块的影响，如果水冷铜块选用不当，极易出现外观成形不良、未熔合、夹渣及咬边等焊接缺陷。

措施：气电立焊水冷前铜滑块的规格应根据焊缝的尺寸进行正确选用，并应考虑焊缝的实际宽度、选用气电立焊焊丝产生熔渣量的多少等影响因素，合理选择前铜滑块凹槽的形状和深度，保证焊缝成形的外观质量。气电立焊示意如图 12-14 所示。

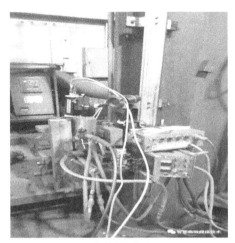

a) 气电立焊装置

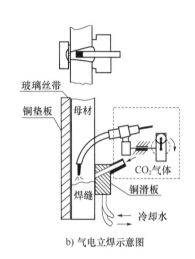

b) 气电立焊示意图

图 12-14　气电立焊示意

（2）忌气电立焊熄弧措施不当

原因：气电立焊在焊接过程中选用的焊接参数较大，电弧电压 35～40V，焊接电流可达 400～500A，由于焊缝一次连续焊完一次焊接成形，高温停留时间长，熄弧时焊缝瞬间冷却，导致在焊缝熄弧处形成一个较深的焊接缩孔。另外，由于气电立焊熄弧时无法像其他焊接方法那样采用衰减等方式，所以缩孔无法避免，导致焊接质量难以保证。

措施：焊接前在焊缝的末端先提前点焊一组同厚度、同坡口角度的熄弧块，焊接至正式焊缝外的熄弧块上熄弧，让熄弧形成的缩孔留到熄弧块上，焊接完成后再把熄弧块切割去除掉，解决了气电立焊熄弧时的缩孔问题。

（3）忌气电立焊坡口加工角度过大

原因：气电立焊采用的是水冷强制成形的方法，对坡口角度和焊缝尺寸的要求相对较高，不能像常规焊接方法那样将坡口角度定义为次要因素可适当进行调整，如果坡口角度不合适将直接影响到焊缝的外观质量和力学性能。

措施：气电立焊加工的坡口角度应综合考虑焊接效率、一次成形熔池的脱渣性、前水冷铜滑块的规格尺寸、焊接时热输入大小及坡口加工的难易程度等因素。一般要求坡口角度单边在 20°左右，焊缝宽度应≤18mm。气电立焊焊缝成形如图 12-15 所示。

（4）忌气电立焊焊接热输入 >100kJ/cm

原因：由于气电立焊无法像常规焊接方法一样采用小电流、快速多层多道焊，焊接速度由焊机自动控制调节，人工无法对速度进行调节，所以气电立焊的焊缝都是单面单道焊。工件厚度 22mm 以下时基本采用 V 形坡口单道焊，工件厚度 22mm 以上时采用 X 形坡口双面焊，由于每面的焊接道数也是一道，从而导致焊缝的热输入非常大，使焊缝的冲击性能不达标，难以满足使用要求。

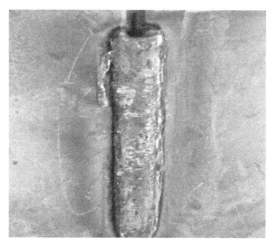

图 12-15　气电立焊焊缝成形

措施：经过反复的焊接工艺评定试验，总结出保证气电立焊焊缝力学性能和冲击性能的条件就是严格控制焊接热输入，保证焊接热输入≤100kJ/cm，从而保证焊缝的质量。

（5）忌气电立焊焊接过程中无水冷循环

原因：气电立焊在焊接时有一套完整的水冷循环系统，其中焊枪、前滑块、后铜块等都需要通水冷却，实际焊接过程中经常会因为没有起动水泵进行水冷循环而导致前后铜块烧坏，甚至因焊缝中出现渗铜而产生焊接裂纹，影响焊接质量（见图 12-16）。

图 12-16　气电立焊水循环不正常

措施：养成良好的操作习惯，焊接前应先起动水泵进行通水冷却循环，焊接过程中应及时观察前后水冷铜块的工作状态，发现问题及时处理和调整，从而保证气电立焊水循环系统的正常运行。

第13章

焊接缺陷和无损检测

焊接缺陷是指焊接过程中在接头部位形成的缺陷，主要包括气孔、夹渣、未焊透、未熔合、裂纹、凹坑、咬边及焊瘤等，对接头力学性能和使用性能具有很大的影响。不当的焊接施工操作是焊接缺陷产生的直接原因，而焊后无损检测是检测焊接结构是否存在焊接缺陷、评估焊接质量的重要手段，也是保证特种设备制造本质安全的重要措施。本章对特种设备焊接过程中的缺陷以及无损检测中常出现的问题进行总结归纳。

13.1 焊接缺陷

(1) 忌焊缝中出现气孔缺陷

原因：气孔产生的原因主要是常温固态金属中的气体溶解度只有高温液态金属中气体溶解度的几十分之一至几百分之一，熔池金属在凝固过程中，有大量的气体聚集成气泡要从金属中逸出。当金属凝固速度大于气泡逸出速度时，溶解在熔池金属中的气体因聚集而来不及逸出就形成了气孔（见图 13-1）。

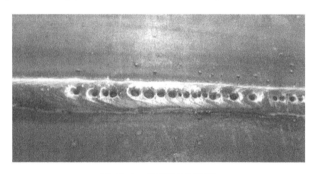

图 13-1　焊缝气孔缺陷

在焊接过程中促使焊缝形成气孔的气体有 H_2、N_2 和 CO。氮气孔呈蜂窝状出现在焊缝表面；一氧化碳气孔多产生于焊缝内部并沿结晶方向分布。

焊缝中的气孔，会削弱焊缝的有效工作截面，降低焊缝的力学性能，使焊缝金属的塑性，特别是弯曲和冲击性能降低得更多。根据有关规定，若存在超标的气孔，必须对焊缝进行返修。

措施: 焊前严格清理坡口的油锈、污物,去除坡口表面的冷凝水,焊条按照规定烘干,天气潮湿时采取防潮措施等,主要为控制氢的来源,从而可以有效控制氢气孔。

施工中主要防止 N_2 侵入熔池。注意施工现场落实防风措施,检查保护气路有无漏气,适当增大焊枪喷嘴的气流量,增加保护气体挺度。

现有多个国家标准对焊缝的气孔进行了规定,如 GB 50683—2011《现场设备、工业管道焊接工程施工质量验收规范》规定,现场设备、管道焊缝外观不允许出现表面气孔。NB/T 47013—2015《承压设备无损检测》规定,母材厚度≤10mm,焊缝内部 RT 检测要求 II 级时,评定区内气孔不得多于 3 个。

(2) 忌焊缝中存在夹杂物缺陷

原因: 焊接后残留在焊缝中的熔渣称为夹杂(见图 13-2),夹杂对接头的力学性能影响较大,因夹杂多数呈不规则状,所以会降低焊缝的塑性和韧性,其尖角会引起很大的应力集中,尖角顶点常导致裂纹发生。焊缝中的针状氧化物和磷化物夹杂会使焊缝金属变脆,降低力学性能,氧化铁及硫化物夹杂,容易使焊缝产生脆性。产生夹杂主要原因是,熔渣脱渣性不好、焊缝间隙及钝边不正确、焊条角度不正确、焊接参数过小、电弧偏弧、手把不稳等。

 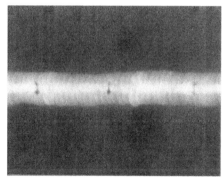

a) 焊缝表面夹杂形态　　　　　b) 焊缝内部夹杂形态(X射线检测)

图 13-2　焊缝夹杂缺陷

措施: 调整坡口间隙、钝边;检查焊条偏心度、地线位置等,确保没有偏弧;焊条选用参数合适,电流不能过小;焊层和焊道间的熔渣清除干净;从工艺上减少熔池金属中的熔渣,并使熔渣浮出熔池;冶金上控制也可减少夹杂物。

部分标准对焊缝中夹杂物缺陷进行了规定,如 GB 50517—2010《石油化工金属管道工程施工质量验收规范》、GB 50683—2011《现场设备、工业管道焊接工程施工质量验收规范》等对表面夹杂进行了如下规定:对接环缝、纵缝、角焊缝、直管连接等焊缝不允许有表面线性缺陷、表面气孔、夹杂和咬边等缺陷存在。NB/T 47013—2015《承压设备无损检测》规定:焊缝内部 RT 检测要求 II 级时,板厚 10mm 的母材,焊缝 120mm 长度内夹杂累计长度得大于 10mm。

（3）忌焊缝出现未焊透缺陷

原因：未焊透指母材金属未熔化，焊缝熔敷金属没有进入接头根部的现象（见图 13-3）。焊缝未焊透时，会减小焊缝的有效工作截面，对焊缝的力学性能有不利的影响。未焊透根部尖角处容易产生应力集中并引起裂纹，导致焊接结构被破坏。

 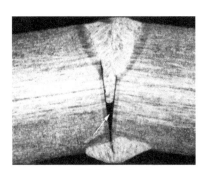

a) 焊缝表面未焊透形态　　　　b) 焊缝内部未焊透形态

图 13-3　焊缝未焊透缺陷

措施：适当加大装配间隙，减小钝边厚度，加大坡口角度；调整焊接参数，如增大焊接电流，降低焊接速度；采用小直径焊条，双面焊时要加强焊根清理；要注意焊条角度，防止焊条偏离焊道中心，包括磁偏吹和焊条偏心度。

GB 50683—2011《现场设备、工业管道焊接工程施工质量验收规范》对未焊透进行了如下规定：对接环缝、纵缝、角焊缝及直管连接等焊缝不允许有未焊透缺陷存在。NB/T 47013—2015《承压设备无损检测》规定，焊缝内部 RT 检测要求Ⅱ级时，板厚 10mm 的母材，焊缝 120mm 长度内条形缺陷累计长度不得大于 10mm。

（4）忌焊缝中出现冷裂纹缺陷

原因：冷裂纹的产生与材料淬硬倾向、焊接应力、氢的聚集密切相关，是焊后冷却至较低温度下产生的。冷裂纹可能在焊后立即产生，有时却要经过一段时间，如几小时、几天甚至更长时间才出现，开始少量出现，随着时间的增长逐渐增多和扩展。冷裂纹分为延迟裂纹、淬硬脆化裂纹、低塑性裂纹。由于冷裂纹存在延迟性，不容易及时检测，所以是导致介质泄漏、诱发事故的主要原因之一。

冷裂纹一般为穿晶裂纹，在少数情况下也可能沿晶界发展（见图 13-4）。可能发生在晶界上，也可能贯穿晶粒内部。冷裂纹多数是纵向裂纹，在少数情况下，也可能有横向裂纹，显露在接头金属表面的冷裂纹断面上。由于冷裂纹没有明显的氧化色彩，所以裂口呈明亮的金属色。冷裂纹是特种设备焊缝中危害最为严重的缺陷之一，是不允许存在的，一经发现，必须返修，并重新进行检测。

措施：使用低氢焊接材料，焊前按要求烘干、保温，随取随用；应清理待焊区域的水分、油污及铁锈和其他有可能产生氢原子的污物；采取焊前预热、控制道间温度、焊后缓冷或焊后消氢处理等措施，来降低冷却速度、改善组织，保证较低的应力水平。焊接时避免产生弧坑、咬边、未焊透等缺陷，以减少应力集中；合理设计接头和坡口，减小拘束度和残余应力。

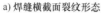
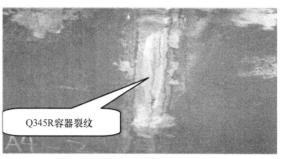

a) 焊缝横截面裂纹形态　　　　　　　　　　b) 焊缝表面裂纹形态

图 13-4　焊缝中冷裂纹缺陷

（5）忌焊缝中出现焊接热裂纹

原因： 焊接热裂纹大部分出现在中高合金焊缝中。绝大多数产生在焊缝金属中，有的是纵向，或者是横向，弧坑中的热裂纹呈星状（见图 13-5）。露在焊缝表面的有明显的锯齿形状，由于氧化作用，所以在裂纹断面上可以发现明显的氧化色彩。产生原因主要为低熔点共晶组织不均匀地分布在焊缝中心和最后凝固部位，形成液态薄膜，在拉应力作用下，液膜破坏形成裂纹。

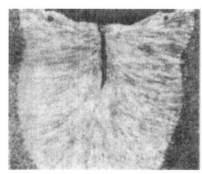

a) 焊缝横截面裂纹形态　　　　　　　　　　b) 焊缝表面裂纹形态

图 13-5　焊缝中热裂纹缺陷

热裂纹是特种设备焊缝中危害最为严重的缺陷之一，也是不允许存在的，一经发现，必须返修，并重新进行检测。

措施：

1）从焊接冶金、焊接材料选择上，尽量减少焊缝中低熔共晶化合物、硫化物和磷化物等。

2）适当提高焊缝成形系数，即增加焊缝宽度，降低焊缝计算厚度，可采用多层多道焊法，改善散热条件，使低熔点共晶化合物上浮至焊缝表面而不存在于焊缝中，以降低偏析程度。

3）合理选用焊接参数，采取预热和后热等措施，并保证道间温度不低于预热温度，减小焊接冷却速度，避免焊缝中出现淬硬组织。

4）合理设计接头和坡口，采用合理的装配次序，减小拘束度和焊接应力；熄弧时使焊缝金属填满弧坑，减少弧坑裂纹的产生。

5）采用低热输入焊接工艺，减小热影响区过热区尺寸。选用强度比母材低、没有沉淀倾向碳化物形成元素的焊接材料；使焊缝强度低于母材，以提高其塑性变形能力；正确选用消除应力热处理规范，避免焊件在敏感温度区间停留；采用高温预热、焊后热处理，以降低接头内残余应力。

（6）忌焊缝中出现未熔合缺陷

原因：焊缝未熔合是指焊缝金属与母材金属，或焊缝金属之间未熔化结合在一起的焊接缺陷，主要有侧壁未熔合、焊道间未熔合及根部未熔合等几种形式（见图13-6）。未熔合是一种面积型缺陷，坡口未熔合和根部未熔合对承载截面积的减小非常明显，应力集中比较严重，其危害性不次于裂纹。因此，承压设备焊缝中未熔合缺陷是不允许存在的，必须进行返修清除。

a) 焊缝表面未熔合形态　　b) 焊缝横截面未熔合形态

图13-6　焊缝未熔合缺陷

措施：焊接坡口表面要加强清理，因为坡口或焊道有氧化皮、焊渣等杂质；选择合理的焊接参数，如适当加大焊接电流、减小焊接速度；焊条或焊丝的摆动角度应避免偏离正常位置，否则会因熔化金属流动而覆盖到电弧作用较弱的未熔化部分，容易产生未熔合；焊接时电弧在坡口面应适当停留，保证熔合良好。

（7）忌特殊容器（包括管道、锅炉等承压类容器）的焊缝表面咬边缺陷超标

原因：由于焊接参数选择不当，操作工艺不正确，沿焊脚的母材部位产生的沟槽或凹陷称为咬边（见图13-7）。产生原因：焊接参数选择不当，焊接电流过大，电弧过长，焊条角度不正确；横焊时，电弧在上坡口停留时间过长；直流弧焊机施焊时，焊接电弧发生偏吹；机械化焊接时，焊接速度过快。

焊缝咬边处容易产生应力集中，同时焊缝的咬边缺陷也削弱了母材金属的工作截面。

一般容器的焊缝表面是允许有轻微咬边的，但要求深度不得大于0.5mm，咬边连续长度不得大于100mm，焊缝两侧咬边的总长度不得超过该焊缝长度的10%。

GB 50683—2011《现场设备、工业管道焊接工程施工质量验收规范》规定，现场设备焊缝：Ⅰ级焊缝不允许存在咬边，Ⅱ级焊缝咬边深度≤0.05T（T为母材厚度），且≤0.5mm，连续长度≤100mm，两侧咬边总长度≤10%焊缝全长。但对于特殊容器，GB 150.4—2011 规定焊缝表面不得有咬边。

图 13-7 焊缝咬边缺陷

特殊容器包括：

1）标准抗拉强度下限值≥540MPa 低合金钢材制造的容器。

2）Cr-Mo 低合金钢材制造的容器。

3）不锈钢材料制造的容器。

4）承受循环载荷的容器。

5）有应力腐蚀的容器。

6）低温容器。

7）焊接接头系数为 1.0 的容器（用无缝钢管制造的容器除外）。

措施：在焊接操作时，焊接技术人员、操作人员、检验人员都应严格执行 GB 150.4—2011 中对咬边缺陷的相关要求。操作上严格执行焊接工艺规程；提高焊工操作技术水平；选择合格的焊接设备施焊；选择正确的焊接电流及焊接速度，电弧不要拉得太长，掌握正确的运条方法和运条角度。

（8）忌将凹形圆滑过渡的角焊缝视为不能保证强度的角焊缝

原因：在角焊缝的尺寸测量时，通常只关注焊脚尺寸，俗称"脚高"，即角焊缝横截面积中画出的最大等腰直角三角形直角边的长度。但保证角焊缝结构强度的是角焊缝的焊缝厚度，理论焊缝厚度为角焊缝横截面积中画出的最大等腰直角中直角顶点到斜边的垂线长度（见图 13-8）。无论凹形角焊缝还是凸形角焊缝，焊缝厚度均大于理论计算厚度，因此，只要按照规定进行角焊缝的结构设计、制造，即可保证角焊缝的强度及质量。实际生产应用中，圆滑过渡的凹形角焊缝，可有效减少焊接接头应力集中。

措施：角焊缝的质量验收应结合设计要求、标准规范，同时凹形圆滑过渡的角焊缝对减小应力集中是有益的。

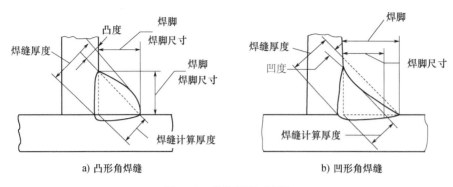

a) 凸形角焊缝　　　　　　　　b) 凹形角焊缝

图 13-8　角焊缝尺寸标注

(9) 忌将双面焊对接焊缝和相当于双面焊的全焊透对接焊缝混淆

原因：在 GB 150—2011《压力容器》钢制压力容器的焊接接头系数中提到了双面焊对接接头和相当于双面焊的全焊透对接接头这个概念，这个概念制定的目的是保证焊接接头的质量，其重点是对接接头及全焊透。

未焊透是指焊接时接头的根部未完全熔透的现象。产生未焊透的原因有焊工操作技能与焊接工艺两个方面的问题。焊工操作技能通过培训和实操练习来保证，通过无损检测来检验；而焊接工艺是与接头形式、坡口形式相关的，需要焊接工艺评定来保证。非熔透型焊缝和熔透型焊缝如图 13-9 所示。

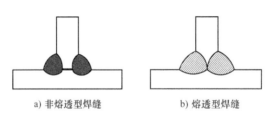

a) 非熔透型焊缝　　　　　　　b) 熔透型焊缝

图 13-9　非熔透型焊缝和熔透型焊缝

措施：要保证焊缝的全焊透，一般采取双面焊的形式，但是某些单面焊也能达到保证全焊透的要求，例如带焊接衬垫的单面焊、单面焊双面成形焊接工艺等，当其焊接质量满足全焊透要求时，则属于相当于双面焊的焊接接头。对于单面焊的对接接头，只有经外观检查和无损检测证明已经全焊透，才可以认为是相当于双面焊的全焊透对接接头。

是否属于相当于双面焊的焊接接头，是由其焊接工艺、焊接质量和无损检测来确定的。

(10) 忌将焊接缺欠当焊接缺陷

原因：在 GB/T 6417.1—2005《金属熔化焊接头缺欠分类及说明》中，将焊接接头中因焊接产生的不连续、不致密或连接不良的现象称为缺欠，将超过规定限值的缺欠定义为缺陷。对焊接接头的适用性（Fitness-For-Purpose，简写为 FFP）构成危险的缺欠即为缺陷。

措施：缺陷是必须予以去除或修补的一种状况。缺陷意味着焊接接头是不合格的，因而必须采用修复措施，否则就应报废。

缺欠可否容许，有具体技术标准规定，对具体缺欠是否判废，要根据适用性准则（FFP

准则）来判断，如果不能满足具体产品具体使用要求，则应判为缺陷，否则便不应看作缺陷，而应视为缺欠。如非重要承压设备焊缝的咬边合格标准为深度不超过0.5mm，且长度不超过100mm。而焊缝出现裂纹缺陷是绝对不允许的，必须进行返修或重新组焊。

13.2 无损检测

13.2.1 目视检测

（1）忌目视检测人员视力低于5.0

原因：目视检测主要用于观察材料、零件、设备和焊接接头等的表面状态、坡口组对、焊缝成形、变形或泄漏迹象等，目视检测还可用于确定符合材料表面状态。目视检测人员视力、辨色力需经过测试，以保证试样表面目视检测的准确性。

措施：按照NB/T 47013.7—2012《承压设备无损检测 第7部分：目视检测》规定，目视检测人员需经矫正或经矫正的近（距）视力应不低于5.0（小数记录值为1.0），测试方法应符合GB 11533—2011《标准对数视力表》的规定。检测人员应每12个月检查一次视力，以保证正确的近距离分辨能力。如果检测可能对辨色力有特别要求，经合同各方同意，检测人员宜补充辨色力测试，以保证必要的辨色力。

同时，应采用验证试样来验证目视检测工艺规程，当观察方法、被检表面结构情况、照明要求或验证试样等对检测灵敏度有严重影响的因素发生改变时，工艺规程应重新进行验证。

（2）忌对坡口等不进行检查就施焊

原因：GB 50236—2011《现场设备、工业管道焊接工程施工规范》规定，组对前应对焊件的主要结构尺寸与形状、坡口形式和尺寸、坡口表面进行检查，其质量应符合设计文件、焊接工艺文件及本规范的有关规定。当设计文件、相关规定对坡口表面要求进行无损检测时，检测及对发现缺陷的处理应在施焊前完成。坡口端面不合格如图13-10所示。

图13-10 坡口端面不合格

GB 50683—2011《现场设备、工业管道焊接工程施工质量验收规范》规定：焊接前对坡口表面质量的检查，当设计文件对坡口表面要求进行无损检测时，应进行磁粉检测或渗透检测。坡口表面质量不应低于现行 NB/T 47013—2015《承压设备无损检测》规定的Ⅰ级。

措施：坡口应按焊接工艺制定的形状、尺寸进行加工。焊前需要将坡口表面及其周围的铁锈、油污、水、油漆及其他杂物仔细清除干净，碳弧气刨留下的残渣也应清除干净。清理后应及时进行焊接，如因其他原因未焊，使坡口受潮或生锈时，应在焊前重新清理。在非常潮湿的气候下施焊，或坡口表面及周围有露水、冰霜时，应烘干后再进行焊接。

（3）忌焊接过程中焊缝存在过烧现象

原因：当采用气焊或焊条电弧焊焊接薄板或小口径管子时，火焰或电弧长时间加热的局部位置，使焊缝金属在高温 1100℃ 以上停留时间太长，晶粒急剧长大，即产生过烧现象（见图 13-11）。

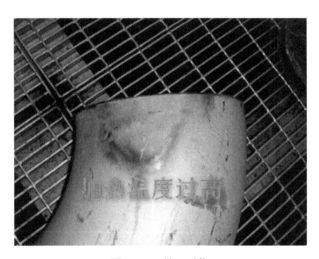

图 13-11　坡口过烧

焊缝过烧（氧化现象）不仅表现为焊缝和热影响区的晶粒粗大，而且晶粒边界也被氧化。过烧产生的晶间氧化物，不仅破坏了金属组织的连续性，还严重降低了连接强度，使塑性和韧性显著降低。即使用热处理等工艺方法，也无法克服过烧造成的后果，同时显著降低焊接接头的塑性和韧性。

措施：严格按焊接工艺规范操作施工；有条件情况下，对焊件进行正火处理，以细化晶粒，改善接头性能。

（4）忌焊缝成形差

原因：焊缝表面高低不平、焊缝宽窄不齐、角焊缝单边以及焊脚尺寸过大或过小，均属于焊缝表面尺寸不符合要求（见图 13-12）。形状缺陷不仅影响焊缝表面的美观，而且容易造成应力集中，对承受动载荷的焊接结构，削弱了焊接接头的承载能力。焊缝尺寸小，会使焊件工作截面减少，焊缝尺寸过高或过大，会削弱某些承受动载荷结构的疲劳强度，同时也浪费了焊接材料和焊接工作时间。

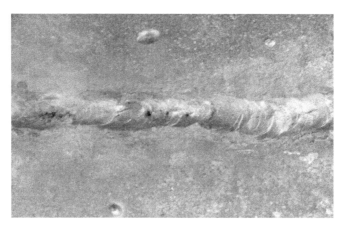

图 13-12　焊缝成形差

措施：选择合适的坡口角度、均匀的装配间隙；正确地选用焊接参数，焊接施工过程中保持焊接过程稳定。

13.2.2　射线检测

（1）忌射线检测之前，焊缝及附近没有清理干净

原因：对焊接接头进行射线检测之前，如果接头附近存在污物、飞溅等杂物，会导致射线检测底片不清晰或者无法判断缺陷或缺陷性质，导致射线检测失败。

措施：按照 NB/T 47013.2—2015《承压设备无损检测　第 2 部分：射线检测》规定，在射线检测之前，焊接接头表面应经目视检测并合格，应采用适当的工艺去除管道内壁及其附近和外侧多余或不规则的焊缝金属，以保证透照时补偿块能顺利放入，同时保证底片上缺陷的影像不会被干扰或混淆。表面不规则状态在底片上的影像不得掩盖或干扰缺陷影像，否则应对表面作适当修整。

（2）忌射线检测定位标记不按标准要求摆放在胶片位置

原因：射线检测时，定位标记不按照规定位置粘在胶片或者不按标准要求位置摆放时，容易造成定位不准确及漏检。如纵向焊接接头射线检测时，定位标记应放在射线源侧，实际检测如果放在胶片侧，就会造成射线源侧部分焊缝漏检，厚度越大，漏检越严重。

措施：按照 NB/T 47013.2—2015《承压设备无损检测　第 2 部分：射线检测》规定，射线检测定位标志一般包括中心标记、搭接标记、检测区标记等。定位标记应放在工件上，其摆放位置应符合该标准规定的"定位标记的放置原则"，如图 13-13 所示。所有标记的影像不应重叠，且不应干扰有效评定范围内的影像。当由于结构原因，应防止于射线源侧的定位标记需要放置于胶片侧时，检测记录和报告应标注实际的评定范围。现场作业时，作业人员应严格按照标准要求、规范摆放定位标记。

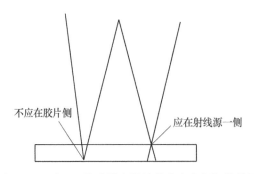

不应在胶片侧　　　　　　　应在射线源一侧

图 13-13　平面工件或纵向焊接接头定位标记的放置

（3）忌有延迟裂纹倾向的材料检测时机选择不当

原因：延迟裂纹一般不是焊后立即产生，而是在焊后几小时至十几小时或几天后才出现。若焊后立即进行检测，则可能使易产生延迟裂纹的焊接接头检测失去意义。

措施：按照 NB/T 47013.2—2015《承压设备无损检测　第 2 部分：射线检测》规定，检测时机应满足相关法规、规范、标准和设计文件的要求，同时还应满足合同双方商定的其他技术要求。对有延迟裂纹倾向的材料，至少应在焊接完成 24h 后进行检测。

（4）忌暗袋背后近距离有金属或非金属构件时，不加背防护铅板进行射线检测

原因：射线检测暗袋背后近距离有金属或非金属构件时，会产生较强的背散射，若不加背防护铅板，散射线会使射线底片的灰雾度增加，影像对比度降低。

措施：加强射线检测知识培训，对作业人员进行技术交底。NB/T 47013.2—2015《承压设备无损检测　第 2 部分：射线检测》规定：暗袋背后近距离有金属或非金属构件时，应采用背防护增感屏、铅板等适当措施，屏蔽散射线和无用射线，限制照射范围。加强底片质量控制，背散射严重导致底片质量不合格时，应加背防护铅板重新检测。

（5）忌胶片曝光后长时间不进行暗室处理

原因：胶片曝光后长时间未进行暗室处理，当再进行暗室处理时，会因为潜影衰退现象而使底片黑度变小，射线照相对比度降低，灵敏度降低。

措施：加强暗室处理人员培训，了解胶片感光和潜影衰退的原理。NB/T 47013.2—2015《承压设备无损检测　第 2 部分：射线检测》规定：胶片处理一般应按胶片说明书的规定进行，手工重新和自动冲洗胶片宜在曝光后 8h 之内完成，最长不得超过 24h。

（6）忌射线胶片暗室处理时水洗时间不足

原因：水洗的目的是将胶片表面和乳剂膜内吸附的硫代硫酸钠以及银盐络合物清洗掉，否则银盐络合物会分解，并与空气中的水和 CO_2 作用，产生硫和硫化氢，最终与金属银作用生成硫化银。硫化银会使底片变黄，影像质量下降。

措施：严格按照暗室处理制度处理。保证胶片定影后，在流动的清水中冲洗 20~30min。

13.2.3 渗透检测

（1）忌渗透检测采用不同厂家、不同族组的检测器材

原因：不同族组的渗透检测材料可能不兼容，影响各自性能，造成检测失败。

措施：渗透检测时，必须采用同一厂家提供的同族组的产品，不同族组的产品不能混用。

（2）忌焊接接头喷丸后不进行处理直接进行渗透检测

原因：焊接接头经过喷丸处理形成的细微金属物能封闭表面开口缺陷，使渗透液无法渗入，导致缺陷无法检出。

措施：渗透检测应尽量选择在喷丸前进行。若安排在喷丸后进行渗透检测，则应对被检工件进行酸洗或碱洗。

（3）忌渗透检测显像剂使用前未摇匀、药剂温度太低

原因：显像剂未摇匀、温度太低可能会造成喷出的显像剂不均匀，影响显像甚至无法进行观察。

措施：显像剂温度过低时，可适当进行加热保温处理。NB/T 47013.5—2015《承压设备无损检测 第5部分：渗透检测》规定：湿式显像剂的浓度应保持在制造厂规定的工作浓度范围内，其密度应正常进行校验。当使用的湿式显像剂出现混浊、变色或难以形成薄而均匀的显像层时，应予以报废。

（4）忌渗透检测奥氏体钢、钛及钛合金钢时渗透检测剂氯、氟元素含量超标

原因：渗透检测剂中氯、氟元素的存在，会使奥氏体钢和钛合金材料产生腐蚀，严重的会导致裂纹。

措施：奥氏体钢、钛及钛合金钢渗透检测时，应选择氯、氟杂质含量符合标准要求的渗透检测剂（见图 13-14）。NB/T 47013.5—2015《承压设备无损检测 第5部分：渗透检测》规定：奥氏体钢、钛及钛合金采用渗透检测时，卤素总含量（氯化物、氟化物）质量比应小于 200×10^{-6}，一定量渗透检测剂蒸发后残渣中的氯、氟元素含量的质量比不得超过 1%，如有更高要求，可由供需双方另行商定。

图 13-14 钛合金的渗透检测

（5）忌去除多余渗透剂时过度清洗或清洗不够

原因：去除多余渗透剂时，过清洗会把缺陷内的渗透液也清洗出来，造成缺陷显示不明显或者无法显示。欠清洗时，会因工件表面有多余的渗透剂覆盖而产生过度背景，掩盖相关显示或产生虚假显示。

措施：NB/T 47013.5—2015《承压设备无损检测 第5部分：渗透检测》规定，渗透剂的施加方法应根据工件大小、形状、数量和检测部位来选择。所选方法应保证被检部位完全被渗透剂覆盖，并在整个渗透试件内保持润湿状态。在整个检测过程中，渗透检测剂的温度和工件表面温度应该在 5 ~ 50℃。在 10 ~ 50℃条件下，渗透剂持续时间一般不少于10min。在清理工件被检表面以去除多余的渗透剂时，注意防止因过度去除而使检测质量下降，同时也要注意防止因去除不足而造成对缺陷显示识别困难。

13.2.4 超声波检测

（1）忌超声波检测盲目使用 K2 探头

原因：超声波检测时，斜探头的折射角（K 值）、标称频率的选取按照表 13-1 的规定，条件允许时，应尽量采用较大折射角（K 值）探头。采用一次反射法检测时，斜探头折射角（K 值）的选取应尽可能使主声束与检测面相对的地面法线夹角在 35° ~ 70°之间。当使用两种或两种以上折射角（K 值）探头检测时，应至少有一种折射角（K 值）的探头满足这一要求。

表 13-1 推荐采用的斜探头折射角（K 值）和标称频率

工件厚度/mm	折射角（K 值）	标称频率/MHz
≥6 ~ 25	63° ~ 72°（2.0 ~ 3.0）	4 ~ 5
>25 ~ 40	56° ~ 68°（1.5 ~ 2.5）	2 ~ 5
>40	45° ~ 63°（1.0 ~ 2.0）	2 ~ 2.5

措施：K2 探头允许检测的厚度范围较大，现场检测需根据焊缝坡口形式、角度等参数，具体分析可能产生的危害性缺陷的位置、角度，来选择最佳的探头折射角，盲目使用一种 K 值探头会造成缺陷反射波幅较低，从而造成漏检。同时，组织人员学习焊接缺陷的产生原因，各位置产生缺陷的性质，根据缺陷可能出现的位置和缺陷性质选择合适探头。

（2）忌横波斜探头超声波检测焊接接头两侧打磨宽度过小

原因：焊缝两侧打磨宽度过小，探头移动区宽度不满足要求，会导致超声波声束不能覆盖全部检测区，存在漏检可能。

措施：严格按照工艺要求对检测面进行打磨，检测面应清除油漆、焊接飞溅、铁屑、油垢及其他异物，以免影响声波耦合和缺陷判断。检测前测量探头移动区宽度，焊接接头检测区宽度应根据焊缝本身加上焊缝熔合线两侧各 10mm 确定，满足要求后方可检测。V 形坡口对接接头检测区如图 13-15 所示。

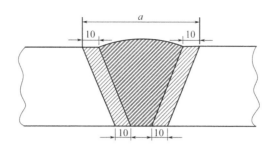

图 13-15　V 形坡口对接接头检测区示意

注：a 表示焊接接头检测区宽度。

（3）忌管径较小且壁厚较大的环向对接接头超声波检测时，未对缺陷长度进行修正直接进行评级

原因：管径较小且壁厚较大环向对接接头检测时，缺陷的指示长度与实际长度在横截面上为圆心角相同、半径不同的等角度圆弧，且半径越大，弧长越长。指示长度均在外圆面，指示长度明显大于缺陷实际长度，缺陷深度越深两者相差越大。若不进行修正，则可能造成缺陷评定过严。

措施：对管径较小且壁厚较大环向对接接头超声波检测发现的缺陷，应先用公式对缺陷长度进行修正，然后再进行评级。

13.2.5　磁粉检测

（1）忌磁轭法检测焊缝时同一部位两次磁化角度过小

原因：磁轭法检测能发现与两磁极连线垂直的缺陷，但磁轭法只能单方向磁化工件，为检出各个方向的缺陷，必须在同一部位至少做两次相互垂直或近似垂直的检测。

措施：用磁轭法检测时，对同一部位进行至少两次磁化，磁化角度约等于 90°。

（2）忌磁轭法检测磁极与工件接触不完全

原因：磁极与工件接触不完全，会导致工件表面有效磁场强度不足，检测灵敏度下降。

措施：检测人员应加强操作训练，检测时应调整好磁极角度，保证磁极与工件完全接触。

（3）忌磁悬液配置浓度过高或过低

原因：磁悬液浓度太低，漏磁场对磁粉吸附量少，磁痕不清晰，导致缺陷漏检。浓度太高，会在工件表面存留很多磁粉，形成过度背景掩盖相关显示。

措施：严格按照标准要求配置磁悬液，检测过程中怀疑磁悬液浓度过高或过低时，应对磁悬液浓度进行测定或重新配置。

第14章

非金属材料焊接施工

采用聚乙烯（PE）为原料的埋地燃气管道因其"质量可靠、运行安全、维护简便、费用经济"的优势，成为中、低压燃气管网的首选管道产品。聚乙烯（PE）管道的焊接施工不同于金属材料的电弧焊接，有其专用的热熔、电熔连接方法。本章总结了聚乙烯（PE）管道从原材料选择、管道生产、焊接施工工艺、质量检测以及焊接工艺评定中容易混淆的问题，并进行了分析。

14.1 材料

14.1.1 聚乙烯材料及其管道

（1）忌用本色料加色母生产燃气用聚乙烯管道

原因：使用本色料加色母（俗称"白加黑"）的生产方式加工聚乙烯（PE）管道，不符合 GB/T 15558.1—2015《燃气用埋地聚乙烯（PE）管道系统 第1部分：管材》及 GB/T 15558.2—2005《燃气用埋地聚乙烯（PE）管道系统 第2部分：管件》要求。

混配料相比"白加黑"原料生产管材的优势在于混配料在出厂前已经过供应商专业设备加工，含所有必需的添加剂和颜料，添加剂和颜料分散均匀。"白加黑"工艺生产的管材有可能造成颜料等添加剂分散不均匀，从而造成颜料或添加剂团聚，产生应力集中点。混配料及"白加黑"生产管道如图14-1所示。

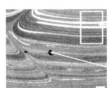

炭黑分散性差

炭黑团聚

a) PE100级橙色混配料　　b) 黑色混配料　　c)"白加黑"生产管材切片照片

图14-1　混配料及"白加黑"生产管道

措施：根据 GB/T 15558.1—2015《燃气用埋地聚乙烯（PE）管道系统 第1部分：管材》及 GB/T 15558.2—2005《燃气用埋地聚乙烯（PE）管道系统 第2部分：管件》要

求，燃气用埋地聚乙烯管材、管件应使用聚乙烯混配料生产。混配料是由基础聚合物聚乙烯（PE）和抗氧剂、颜料、抗紫外线（UV）稳定剂等添加剂经挤出加工而成的颗粒，由混配料制造商提供并通过定级。

（2）忌用未经定级的聚乙烯原料生产聚乙烯燃气管道产品

原因：现在聚乙烯原料厂家生产的聚乙烯原料种类较多，但并不是所有聚乙烯原料都适合生产聚乙烯压力管道。根据相关国家标准，生产聚乙烯燃气管道产品的原料应该经过定级（见图 14-2）。

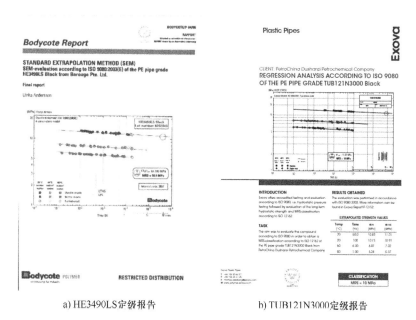

a) HE3490LS定级报告　　　　b) TUB121N3000定级报告

图 14-2　聚乙烯原料定级报告

措施：根据 GB/T 15558.1—2015《燃气用埋地聚乙烯（PE）管道系统　第 1 部分：管材》标准，聚乙烯混配料应按 GB/T 18475—2001《热塑性塑料压力管材和管件用材料分级和命名　总体使用（设计）系数》（即 ISO12162）中规定的最小要求强度（MRS）进行分级和命名。因此，没有通过定级的聚乙烯原料不应该用于生产聚乙烯燃气管道产品。

（3）忌将热熔承插连接和热熔对接连接混淆

原因：热熔承插连接和热熔对接连接都是采用加热工具加热后将管材进行焊接。热熔对接连接使用专门加热工具对两非金属材料元件端部加热至黏流状态后，在压力下将其焊合的方法；而热熔承插连接使用专门加热工具对非金属材料制管件内表面和管材外表面加热至黏流状态后，在压力下将其焊合的方法。

措施：热熔承插连接和热熔对接连接应根据材料特性和焊接工艺制定，不得混淆。

（4）忌将热熔承插连接应用于燃气用聚乙烯管道

原因：热熔承插连接的焊接质量受人为因素影响较大，目前在燃气管道施工领域已经不再使用。

措施：在 CJJ 63—2018《聚乙烯燃气管道工程技术标准》中，聚乙烯燃气管道已经不再使用热熔承插连接，而是使用热熔对接连接或电熔连接。

（5）忌将燃气用聚乙烯管材公称外径与钢管的公称通径混淆

原因：燃气用聚乙烯管材、管件的外径规格一般采用公称外径表示，英文表示为 d_n。而钢管一般采用公称通径表示，英文表示为 DN。

措施：燃气用聚乙烯管材、管件的公称外径等于最小平均外径，最小平均外径指的是管材外圆周长的测量值除以 3.142（圆周率）所得的值，精确到 0.1mm。

14.1.2 聚乙烯管道验收

（1）忌使用没有相关合格证明的聚乙烯管道产品

原因：未取得合格证明的聚乙烯管道产品有可能存在质量安全隐患。

措施：聚乙烯管道产品采购入库前，检验的 PE 材料质量应符合国家标准规定，具有出厂合格证、质量证明书及清晰牢固的永久性标记。

（2）忌将聚乙烯管材、管件存放在环境不满足标准要求的地方

原因：聚乙烯管材、管件长时间放置在外时容易出现氧化、老化现象；另外，由于聚乙烯管材本体硬度较低，放置在地面上容易咯伤、划伤，从而影响产品质量。

措施：聚乙烯管材、管件应放在通风良好、干燥、温度不超过40℃的库房或简易棚内，并垫平、垫高，不允许直接放置于地面上。在施工现场临时堆放时要有遮盖物，不得暴晒、雨淋，也不得与油类、酸、碱、盐及活性剂等化学物质接触。

（3）忌抛摔、金属绳吊装、捆扎聚乙烯管道产品

原因：聚乙烯管道产品本体硬度较低，抛摔、拖拽或者用金属绳捆扎吊装容易将产品划伤，从而影响产品质量。

措施：聚乙烯管道、元件及管道附件运输时，应采用非金属绳捆扎和吊装，管材端头应封堵，水平放置在平整的车厢内。管材不得拖拽，严禁抛摔和受剧烈撞击。

（4）忌使用划伤严重的聚乙烯管道

原因：管道表面的划伤有可能引发慢速裂纹增长，在使用过程中存在安全隐患。

措施：聚乙烯燃气管道连接前，应按设计要求在施工现场对管材、管件、阀门及管道附属设备进行检查。管材表面划伤深度不应超过管材壁厚的10%，且不应超过4mm；管件、阀门及管道附属设施的外包装应完好，符合要求方可使用。

（5）忌电熔管件存在断丝、跳丝现象

原因：电熔管件若存在断丝、跳丝现象，可能导致电熔焊接过程中不通电、短路等情况，从而使焊接失败。

措施：电熔焊接前应检查电熔管件有无断丝、跳丝、绕丝不均匀等异常问题，不合格的管件禁止使用。

14.2　施工人员

（1）忌聚乙烯压力管道焊接人员未取得特种设备焊接人员操作证书

原因： TSG Z6002—2010《特种设备焊接操作人员考核细则》要求从事下列焊缝焊接工作的焊工，应当按照本细则考核合格，持有"特种设备作业人员证"。

1）承压类设备的受压元件焊缝、与受压元件相焊的焊缝、受压元件母材表面堆焊。

2）机电类设备的主要受力结构（部）件焊缝、与主要受力结构（部）件相焊的焊缝。

3）熔入前两项焊缝内的定位焊缝。

措施： 应该根据 TSG Z6002—2010《特种设备焊接操作人员考核细则》要求，培训考核合格后持证上岗。

（2）忌焊工不按焊接工艺规程施焊

原因： 持证焊工虽然操作技能得到发证机关认可，但对具体产品的焊接工艺要求未必了解，不按焊接工艺规程施焊，仅凭个人操作经验来焊接产品，会使产品的焊接质量存在隐患。

措施： 因为聚乙烯压力管道有不同的原料等级，所以为了保证焊接质量，焊接技术人员应根据材料等级、环境温度等情况，制定不同的焊接工艺规程或焊接作业指导书。焊接工艺规程或焊接作业指导书是得到焊接工艺评定验证的，能保证所焊接的焊接接头使用性能满足要求。焊工在焊接过程中，必须严格执行。

14.3　设备

14.3.1　热熔对接连接设备

（1）忌使用未经校准和检定的熔接设备

原因： 熔接设备未经检定，有可能造成焊接温度、压力、时间等显示值与实际操作值存在误差，导致焊接质量存在隐患。

措施： CJJ 63—2018《聚乙烯燃气管道工程技术标准》规定，聚乙烯燃气管道连接应根据不同连接形式选用专用的熔接设备。热熔对接连接设备应符合现行国家标准 GB/T 20674.1—2020《塑料管材和管件　聚乙烯系统熔接设备　第 1 部分：热熔对接》的有关规定。电熔连接设备应符合现行国家标准 GB/T 20674.2—2020《塑料管材和管件　聚乙烯系统熔接设备　第 2 部分：电熔连接》的有关规定，熔接设备应定期进行校准和检定，周期不应超过 1 年。

（2）忌使用加热板表面不粘层脱落的设备

原因： 热熔对接连接设备加热板表面不粘层脱落后，在吸热过程中可能导致焊接面粘接在加热板表面，从而影响焊接质量。

措施：在焊接前应检查热熔对接连接设备加热板表面不粘层是否脱落，如有脱落应及时修复或者更换加热板。

（3）忌使用金属工具敲击加热板

原因：热熔对接连接过程中吸热环节完成后，有时加热板会粘贴在焊接面一端，采用金属工具敲击加热板，容易导致加热板不粘层甚至加热板损坏，影响焊接质量。

措施：目前热熔对接连接设备上都带有专用夹具，防止加热板粘在焊接面上，但部分施工单位为方便操作将专用装置去除，属于不规范操作。另外，如果没有配置专用夹具，可以使用橡皮锤或者木槌等工具将热熔对接连接设备加热板从焊接面分离出来。

（4）忌使用金属工具从热熔对接连接加热板上清除异物

原因：金属刀具容易将热熔对接连接加热板表面涂层损坏。

措施：可以使用无纺布、棉布等擦拭热熔对接连接加热板表面，将异物去除，也可以采用木铲对加热板异物进行去除。

（5）忌热熔对接全自动焊机焊接记录超出焊机存储量后不及时导出数据

原因：热熔对接连接全自动焊机带有自动记录焊接参数的功能，受焊机存储模块容量限制，不同厂家的全自动焊机能够存储不同数量的焊接参数。如果超出焊机存储量，有可能导致部分焊接参数无法查询、跟踪。

措施：应根据热熔对接连接焊机的焊接参数存储量，及时对焊接参数进行拷贝备份。

（6）忌热熔对接连接焊机加热板温度偏差过大

原因：如果加热板表面温度偏差较大，则部分区域可能超出焊接工艺温度要求，导致焊接质量不合格。

措施：根据 GB/T 20674.1—2020《塑料管材和管件　聚乙烯系统熔接设备　第1部分：热熔对接》要求，在 -10~40℃ 环境温度下，在 170~260℃ 内温度控制系统应使加热板工作区域任一点实际温度与设定温度的偏差小于 ±7℃。如超出偏差，应调整或者更换加热板。

（7）忌加热板热传导效率过低

原因：如果加热板热传导效率过低，可能会使熔接面无法吸收足够的热量，聚乙烯原料无法充分熔融，导致焊接质量存在隐患。

措施：根据 GB/T 20674.1—2020《塑料管材和管件　聚乙烯系统熔接设备　第1部分：热熔对接》要求，加热板在工作温度范围且在管端施加卷边压力的情况下，最大外径、最大壁厚的管端界面温度在 20s 内从 -5℃ 上升到 180℃。如无法达到此要求，应调整或者更换加热板。

（8）忌热熔对接焊机可更换夹具层数过多

原因：可更换夹具层数过多时容易导致焊接压力传导存在较大误差，影响焊接质量。

措施：根据 GB/T 20674.1—2020《塑料管材和管件　聚乙烯系统熔接设备　第1部分：

热熔对接》要求，熔接管材公称外径≤400mm 的热熔对接设备，可更换夹具不大于 3 层；熔接管材公称外径 >400mm 的热熔对接设备，可更换夹具不大于 4 层。

14.3.2　电熔连接设备

（1）忌使用玻璃片等替代电熔连接专用刮刀

原因：采用玻璃片等刮削电熔连接熔接面时，容易导致玻璃碎渣附着在熔接面上，影响焊接质量。

措施：电熔连接时应采用专用刮刀，如手动刮刀、旋转刮刀、爬壁刮刀等设备（见图 14-3）。

图 14-3　电熔连接专用手动刮刀

（2）忌电熔连接焊机输入电压波动过大

原因：电熔连接是通过电流流经电阻丝，使电阻丝发热从而达到热熔焊接的一种焊接工艺。电熔管件的电阻值是厂家在生产管件时，根据管件在额定电压或电流的条件下，计算出析热量。因此，电熔焊接对电熔焊机的输出电压或电流要求较高。由于施工作业往往是在野外，使用自备发电机，故导致电压或电流波动较大。

措施：根据 GB/T 20674.2—2020《塑料管材和管件　聚乙烯系统熔接设备　第 2 部分：电熔连接》要求，对于电压控制的电熔焊机，输出电压的允许偏差应不超过设定电压的 ±1.5%，且不超过 ±0.5V；对于电流控制的电熔焊机，输出电流的允许偏差不应超过设定电流的 ±1.5%。如超出偏差，应增加稳压装置或更换焊机。

14.4　焊接工艺

14.4.1　通用要求

（1）忌焊接施工环境不满足要求

原因：低温、大风、强烈光照及雨淋等环境，会导致焊接材料散热过快、老化较快或者焊接面受到污染等，影响焊接质量。

措施：管道热熔对接连接或电熔连接的环境温度宜在 −5 ~ 45℃。当环境温度低于 −5℃ 或风力大于 5 级的条件下进行热熔对接连接或电熔连接操作时，应采取保温、防风措施，并应调整焊接工艺；在炎热的夏季进行热熔对接连接或电熔连接操作时，应采取遮阳措施；在雨天施工应采取防雨措施。

（2）忌焊接端部标准尺寸比（Standard Dimension Ratio，SDR）不同的聚乙烯管道、元件采用热熔对接连接

原因：外径相同、SDR 值不同的管材和管件采用热熔对接连接，焊接接头处因壁厚不同，冷却时会因收缩不一致而会产生较大的内应力，易导致焊接接头断裂，不利于焊接质量控制。

措施：焊接接头端部 SDR 值不同的聚乙烯管道连接时，应采用电熔连接焊接。

（3）忌不同级别的聚乙烯管道元件采用热熔对接连接

原因：不同级别（PE80 和 PE100）的聚乙烯管道元件因为热熔温度不同，采用热熔对接连接容易导致焊接接头存在应力和焊接缺陷，导致焊缝焊接失败。

措施：不同级别（PE80 和 PE100）的聚乙烯管道元件连接时应采用电熔连接。

（4）忌熔体质量流动速率差值大于 0.5g/10min（190℃，5kg）的聚乙烯管道采用热熔对接连接

原因：熔体质量流动速率差异较大的管道热熔对接连接时，通常会形成不对称翻边，或者由于熔体质量流动速率相差较大，热熔条件也不同，采用热熔对接连接，在接头处会产生残余应力。

措施：熔体质量流动速率差值大于 0.5g/10min（190℃，5kg）的聚乙烯管道相互连接，应采用电熔连接。

（5）忌小口径、薄壁聚乙烯管道采用热熔对接连接

原因：小口径、薄壁的管材因为熔接面积小，采用热熔对接连接时，不容易保证足够的焊接面积，从而影响焊接质量。

措施：根据 CJJ 63—2018《聚乙烯燃气管道工程技术标准》要求，公称直径 <90mm 或者壁厚 <6mm 的聚乙烯管道，应采用电熔连接。

（6）忌管材、管件的存放环境温度与焊接现场环境温度温差较大时，未进行状态调节直接焊接

原因：两焊接端面材料温差较大时，相同的吸热时间可能会导致焊接两端材料熔融状态不一致，焊接完成后焊口存在残余应力。

措施：当管材、管件存放处与施工现场温差较大时，连接前应将管材、管件在施工现场放置一定时间，使其温度接近施工现场温度。

（7）忌采用急冷措施对焊接接头进行冷却降温

原因：聚乙烯材料是热的不良导体，急冷降温会导致焊接接头应力过大，严重时会导致

接头失效。

措施：聚乙烯熔接接头应采用自然冷却，冷却时间应满足相关工艺要求。

（8）忌冷却过程中对焊接接头施加外力

原因：因为聚乙烯材料焊接是将材料加热到熔融状态进行焊接，若冷却未充分完成，则施加外力时可能会导致接头处存在连接不牢固等缺陷。

措施：聚乙烯熔接接头应根据相关工艺要求完全冷却完成后，再施加外力，如拆卸、挪动等。

14.4.2　热熔对接连接工艺

（1）忌热熔对接连接温度过高或过低

原因：热熔对接连接温度过高或过低，都有可能导致焊缝质量不合格。

措施：聚乙烯管道推荐的焊接工艺温度为 200~235℃。其中，PE80 级材料焊接工艺温度一般为（210±10）℃，PE100 级材料焊接工艺温度一般为（225±10）℃。对于内衬等薄壁管材温度适当升高，靠上限；厚壁管材温度适当降低，靠下限；大风或寒冷天气施工时温度适当升高，并采取必要的保温措施。

（2）忌热熔对接连接压力过高或过低

原因：热熔对接连接压力过高时，容易将熔融层全部挤出而形成假焊；焊接压力过低时，容易导致熔融不良，造成焊接失效。

措施：TSG D2002—2006《燃气用聚乙烯管道焊接技术规则》要求作用在对接管道横截面上的压强（表压）为 0.15MPa。

（3）忌未测量拖动压力直接热熔对接连接

原因：因为每次热熔对接连接时，拖动的管材根数或者阻力均不相同，所以每次连接拖动压力也不相同。

措施：拖动压力是指将待焊接管道元件拖动所使用的压力，每个焊口焊接前均应先测试拖动压力。

（4）忌热熔对接连接完成后未卸压拆卸焊件

原因：聚乙烯热熔对接连接，最后过程都是带压冷却，直接拆卸会导致机架中存在压力，使移动夹具位移，发生安全事故。

措施：待热熔对接连接焊件焊接过程完成后，应先进行卸压，再拆卸焊件。

（5）忌热熔对接连接未经初始加热阶段直接进入吸热阶段

原因：热熔对接连接时，若未经初始加热阶段，则有可能导致焊接面部分区域不能完全贴合加热板表面，导致吸热不充分，连接面不能完全熔融，影响焊接质量。以时间 t 作横坐标轴，以焊接过程中对应的压力 P 作纵坐标轴，可得到熔接过程曲线，如图 14-4 所示。

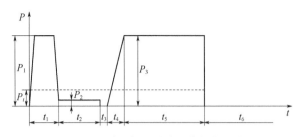

图 14-4　单一低压热熔对接周期示意

P—压力（表压）　t—时间　P_1—总的焊接压力，$P_1 = P_2 + P_t$（MPa）　P_2—焊接规定的压力（MPa）

P_3—热熔对接压力（MPa）　P_t—拖动压力（MPa）　t_1—初始卷边时间（s）　t_2—吸热时间（s）

t_3—切换时间（s）　t_4—热熔对接升压时间（s）　t_5—焊机内冷却时间（min）

t_6—移除焊机后冷却时间（min）

措施：初始加热阶段（图 14-4 中 t_1 时间段）是将加热板放入两管端之间，加压到 P_1，加热时间为 t_1，直至卷边的最小高度达到规定的高度（h）。其目的是将初始熔融的物料在压力的作用下加压整平，使待焊接端面的每一点均保持与加热板的紧密接触，保证在加热时，待焊接端面能均匀吸热。单一低压热熔对接程序参数及对应值见表 14-1。

表 14-1　单一低压热熔对接程序参数及对应值

参数	加热板温度/℃	初始卷边压力 P_1 /MPa	最小初始卷边尺寸 /mm	最短吸热时间 t_2/s	吸热压力 P_2 /MPa	最长切换时间 t_3/s	热熔对接压力 P_3 /MPa	最长热熔对接升压时间 t_4 /s	最短焊机内保压冷却时间 t_5 /min	最短移除焊机后冷却时间 t_6/min
对应值	200～235	$(0.15\pm0.1)\dfrac{S_1}{S_2}+P_t$	1～4	$10e_n$	0～P_t	5～25	$(0.15\pm0.1)\dfrac{S_1}{S_2}+P_t$	5～35	6～80	—

注：1. 以上参数基于环境温度为20℃。在寒冷气候（-5℃以下）或风力＞5级的环境条件下进行焊接操作时，应采取保护措施，或调整工艺，可参见相关规定或说明。

　　2. S_1 为管材或管件的截面积（mm^2），S_2 为焊机液压缸中活塞的总有效面积（mm^2），由焊机生产厂家提供。e_n 为焊接端面的管道元件公称壁厚。

（6）忌热熔对接连接进行吸热计时时未将压力降至拖动压力

原因：热熔对接连接时，如未撤压进行吸热，由于压力较高，就有可能导致熔融料全部被挤出，形成假焊。

措施：热熔对接连接时，当卷边的最小卷边高度达到规定的高度（h）时，将压力由 P_1 降至 P_t，继续加热 t_2 时间，目的是保持微小压力，以保证管端与加热板表面接触，继续加热，使其产生足够多的熔融料。

（7）忌热熔对接连接时，切换阶段时间过长

原因：热熔对接连接时，如果切换时间过长，则会导致焊接面被冷却，使焊接质量受到影响。

措施：热熔对接连接时，当吸热时间 t_2 达到后，迅速拉开两管端，取出加热板，并重新

使两端合拢。这段时间应越短越好，最大不能超过 t_3。在这段时间内，熔融料暴露在空气中，会迅速降温，因此该段时间的控制就尤为重要，时间控制的越短越好。

（8）忌热熔对接连接时，未到带压冷却时间提前结束热熔焊接过程

原因：热熔对接连接时，聚乙烯原料为热的不良导体，未到带压冷却时间，虽然焊缝外表面温度已经冷却下来，但内部温度仍然较高，提前结束热熔焊接过程，容易导致内部存在应力，影响焊接质量。

措施：热熔对接连接过程中带压冷却应该严格按照工艺要求，待焊口冷却后拆卸施工夹具。

（9）忌热熔对接连接时，被焊两端连接面错位量较大

原因：热熔对接连接时，当管材不圆度过大、运输过程中挤压变形、对接时两被焊端面错边量超过管材壁厚的 10%，以及管材或者管材与管件直径存在偏差时，容易导致管材两端面错位，使焊接面积降低，最终产生焊口质量问题。

措施：热熔对接连接前，可调整管材安装方向或调整焊机机架上的夹紧螺栓，进而利用卡瓦本身的圆度进行矫正。准备足够的支撑物，以保证待焊接管材可与机架中心线处于同一高度，并能方便移动。

（10）忌热熔对接连接面表面脏污

原因：热熔对接连接面受到污染，会最终导致焊接质量存在安全隐患。

措施：在开始铣削、焊接前，应采用干净的无纺布清除两管端的油污或异物。

（11）忌热熔对接连接管段伸出夹具过长

原因：夹具一方面是固定待焊管道元件，另一方面也能够矫正管道元件的圆度。若管段伸出夹具过长，有可能导致错边量较大。

措施：将待热熔对接连接的管材置于机架卡瓦内，使两端伸出的长度相当（在不影响铣削和加热的情况下应尽可能短），管材机架以外的部分用支撑物托起，使管材轴线与机架中心线处于同一高度，然后用卡瓦紧固好。

（12）忌热熔对接连接加热板污染后不清理进行焊接

原因：热熔对接连接加热板污染后在加热焊接面时，容易将焊接面污染，导致焊口质量不合格。

措施：热熔对接连接的加热板污染后应该使用干净的无纺布蘸取无水乙醇擦拭（不建议使用白酒，因为白酒中含有不易挥发的物质），建议每天焊接前进行一次空焊，清除加热板表面污染物。

（13）忌热熔对接连接铣削条厚度过厚

原因：热熔对接连接铣削条厚度过厚时，容易导致焊口表面不平整，影响焊接质量。

措施：切屑厚度应为 0.2mm 左右，通过调节铣刀片高度或者铣削压力可调节切屑厚度。

（14）忌热熔对接连接接口端面对接面间隙过大

原因：热熔对接连接工艺对接面间隙过大会导致焊接面吸热不均匀，影响焊接质量。

措施：热熔对接连接工艺对接面间隙应符合表 14-2 要求。

表 14-2　热熔对接连接工艺对接面间隙

管道元件公称外径 d_n/mm	$d_n \leqslant 250$	$250 < d_n \leqslant 400$	$400 < d_n \leqslant 630$
接口端面对接面最大间隙/mm	0.3	0.5	1.0

（15）忌违规终止热熔对接连接全自动焊接过程

原因：违规终止热熔对接连接全自动焊接过程会导致焊接失败，出现质量不合格的焊口。

措施：热熔对接连接全自动焊接是从铣削完成放入加热板后开始，到带压冷却全部完成的一整套环节。全部采用焊机程序自动控制，无需人为干预。若中间出现错误，应将焊口切除重新焊接。

（16）忌热熔对接连接焊缝翻边过大或焊环过小

原因：热熔对接连接过程中常遇到仪表未经计量而显示偏差大、设备本身油路及不按规程操作等问题，造成因对接压力或吸热压力过大（或过小）和吸热时间过长（或过短）而导致此情况发生。

措施：施工用热熔对接连接焊机用仪表需定期进行计量检定或校准，在焊接施工前认真检查设备，同时严格执行施工工艺。必要时，焊接设备应实施校准，以保证其有效性。

（17）忌热熔对接连接焊缝翻边有裂缝

原因：热熔对接连接端面受到污染或加热板表面受到污染未清洁或者受污染后未进行二次铣削，会导致焊环表面产生裂缝，易发生脆性断裂现象。

措施：每次施焊，热熔对接连接加热板表面必须用酒精进行清洁，被焊端面在铣削和加热后禁止触摸或者被污染。

14.4.3　电熔连接工艺

（1）忌不刮削待焊接管道元件表面氧化层直接电熔连接

原因：聚乙烯管道元件加工过程中有一些小分子物质会分散在产品表面，若不对其进行刮削，则容易形成电熔连接的熔融假焊。

措施：必须使用专用工具对待焊接管道元件表面进行刮削，刮削厚度为 0.1 ~ 0.2mm。

（2）忌随意调整电熔连接加热时间

原因：电熔连接管件焊接时间是由电熔管件制造商经过严格的工艺测试得出的，若随意调整焊接时间，则会导致焊口质量无法保证。

措施：应该严格按照管件上标注的电熔加热时间设定焊接参数，加热时间应根据环境温度进行补偿。有些电熔连接焊机可根据环境温度自动补偿。

（3）忌刮削面积小于电熔连接焊接面积

原因：刮削氧化层是为了保证焊接面充分有效地进行电熔对接焊接，若刮削面积过小，则会导致部分焊接面未有效熔融，从而形成假焊。

措施：根据 TSG D2002—2006《燃气用聚乙烯管道焊接技术规则》要求，电熔连接承插焊的刮削长度应为：1/2 电熔管件长度＋10mm，并应做好标记，再进行刮削（见图 14-5）。

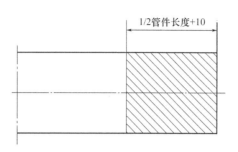

图 14-5　电熔连接承插焊接刮削面示意

（4）忌电熔连接焊件表面刮削后二次污染

原因：电熔连接焊件表面刮削后，二次污染会导致焊接质量存在安全隐患。

措施：应该在热熔连接焊接时再进行刮削，不建议提前刮削。若刮削后长时间不焊接，则再次焊接时应重新进行刮削。若刮削后暂时不焊接，可以对刮削面进行防护，如用塑料包装袋包裹刮削面，防止污染。

（5）忌电熔连接焊件刮削完成后，不做插入深度标记

原因：电熔连接焊件表面刮削完成后，不做插入深度标记容易导致管道元件插入过深或者插入不到位。

措施：电熔连接承插焊接时，刮削完成后应测量电熔管件的承口深度，在被焊管道元件表面进行标记画线，标明插入深度。否则，插入后没有参考标线，容易导致插入过深或者不到位，导致焊接失败。

（6）忌电熔连接焊件插入后未送电就对焊口施加外力

原因：电熔连接焊件插入后未焊接就对焊口施加外力，有可能导致管道元件插入时产生位移，影响焊接质量。

措施：电熔连接焊接元件装配完成后宜立即进行焊接，若暂时无法焊接，则应采取防护措施，避免焊接面受到污染。再次焊接时，应观察插入深度标记有无位移，若产生位移，应调整插入深度至合适状态再进行施焊。

（7）忌电熔连接承插管道元件端面不垂直

原因：若电熔连接承插管道元件端面不垂直，则有可能导致管道元件一侧插入到位，另一侧插入不到位，无法形成密闭的熔融区域。电熔连接承插焊接是通过电热丝加热产生热量将管道元件内外表面熔化而形成一个密闭的熔池，提供焊接热量以及焊接压力，最终确保焊接效果。若熔融后无法形成密闭空间，熔融的聚乙烯原料会流淌到其他区域，则无法提供足够的焊接压力，从而导致焊接失败。

措施：进行电熔连接承插焊接前，应检查欲插入管端是否垂直于管道轴线，管端垂直度偏差应<5mm（见图14-6）。

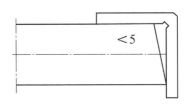

<5

图14-6 管道端部截取误差<5mm

（8）忌电熔连接过程中管道元件承受外力

原因：在电熔连接过程中，焊接面的聚乙烯材料呈熔融状态，施加外力后会导致焊接面产生位移，最终导致焊口失效。

措施：在电熔连接过程中不得施加任何外力，同时应避免焊口装配时存在其他方向的应力，导致焊接时焊口变形失效。电熔管件冷却期间不得拆开夹具，不得移动连接件或者在连接件上施加任何外力。

（9）忌电熔连接的待焊管道元件与电熔管件的间隙过大

原因：若管材存在不圆度较大以及插入不同轴，就会导致管材与电熔管件之间熔接面间隙过大。熔接面间隙过大时，焊接过程中熔融料容易从间隙较大处溢出，导致焊接失败。

措施：电熔连接承插焊接时，若管道元件焊接端不圆度较大或者焊接两端不同轴，则应采用专用电熔夹具进行复圆校正后再进行焊接。焊接过程中不得拆除电熔夹具。电熔鞍形焊接时应观察电熔管件与待焊管道元件之间的间隙，紧固至合适间隙后再进行焊接。

（10）忌电熔连接鞍形修补件的电热丝区域位于被修补的孔上

原因：若电热丝正好位于被修补的孔上，则加热后电熔连接熔融料将从孔处溢出，导致焊接失败。

措施：电熔连接鞍形修补焊接时，应将电熔连接鞍形修补件的电热丝区域与孔避开。否则，不应使用电熔连接鞍形修补对管道元件进行修补。

14.5　焊接质量检测

14.5.1　热熔对接连接焊口的检测

（1）忌在热熔对接连接焊口未完全冷却情况下切除焊口卷边

原因：若热熔对接连接焊口未完全冷却就将焊口卷边切除，则有可能导致冷却后焊口中心位置收缩低于管材表面，影响焊接质量。

措施：切除热熔对接连接焊口翻边时，应在热熔对接连接焊口完全自然冷却后再进行切除。

（2）忌热熔对接连接焊缝卷边切除过浅或过深

原因： 热熔对接连接焊缝卷边切除过深时，有可能刮削到管道元件表面；反之卷边切除过浅，则容易在背弯试验过程中产生中间分离的问题，导致对焊缝质量的误判。

措施： 热熔对接连接焊缝卷边切除时，切刀应紧贴焊口根部进行切除。

（3）忌热熔对接连接焊缝翻边有严重麻点、气泡现象

原因： 热熔对接连接焊缝翻边有严重的麻点、气泡现象，一方面可能是因为焊口被污染导致，另一方面由于黑色聚乙烯管道元件产品添加了炭黑，而炭黑容易吸潮，若加工前原料烘干不充分或者管道元件存放时间过长，则都会导致在焊接二次加热过程中焊缝翻边出现麻点、气泡，如图 14-7 所示。

a) 可以接受的热熔对接连接焊缝　　　　　　　　b) 不可接受的热熔对接连接焊缝

图 14-7　热熔对接连接焊缝成形

措施： CJJ 63—2008《聚乙烯燃气管道工程技术规程》中有对焊缝上轻微气泡的描述，对于轻微的气泡与麻点不会影响焊接质量。通过大量的试验验证，若焊缝翻边的麻点不存在焊缝中心位置，焊口质量是可以接受的。若焊缝中心位置气泡、麻点也非常多，则有可能导致焊缝熔接面存在引发焊口开裂的缺陷，因此这种焊缝质量不可接受。

（4）忌卷边中心高度低于焊接管道元件表面

原因： 热熔对接连接时，若卷边中心高度 K（见图 14-8）低于管道元件表面，有可能是焊接压力较小，也有可能是焊机液压缸行程有限，导致焊接面两端无法充分地将部分熔融料挤出，导致焊口质量不合格。

措施： 当出现翻边中心高度低于管道元件表面的情况时，该焊口应切除重新焊接。

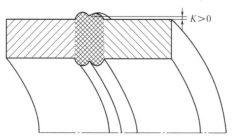

图 14-8　热熔对接连接焊缝卷边示意图

（5）忌热熔对接连接焊缝两侧错边量过大

原因：热熔对接连接时，若焊口错边量过大，则焊接面积无法保证，焊口存在安全隐患。

措施：根据 TSG D2002—2006《燃气用聚乙烯管道焊接技术规则》规定，焊接处的错边量不得超过管材壁厚的 10%。

（6）忌热熔对接连接焊缝切除的卷边底面存在污染、孔洞等

原因：热熔对接连接焊缝，若切除卷边底部存在污染、孔洞等问题，说明焊接面在焊接时已被污染，被污染的焊接面在焊接过程中会影响熔融料的相互缠结，导致焊口质量存在隐患。

措施：若切除的卷边底面存在污染、孔洞等问题，该焊口应切除重焊。

（7）忌热熔对接连接焊缝卷边宽度或高度过大、过小

原因：热熔对接连接焊缝的卷边宽度或高度过大，一般是由于焊接压力过高、吸热时间过长等原因导致的；反之，焊接压力过低或者吸热时间过短，会导致卷边宽度或高度过低。这两种现象都有可能导致焊口存在安全隐患。

措施：焊接过程中应该严格按照工艺要求施焊，若存在卷边宽度过大或者过小的现象，建议对该焊接工艺进行验证。同时，建议将该焊口切除重焊。

（8）忌热熔对接连接焊缝卷边背弯试验存在开裂、裂缝等缺陷

原因：热熔对接连接焊缝卷边背弯试验存在开裂、裂缝等缺陷，有可能是由焊接面被污染，或者焊接压力过大而产生假焊等原因造成的。

措施：根据 TSG D2002—2006《燃气用聚乙烯管道焊接技术规则》规定，卷边背弯试验时，如果出现开裂、裂缝等缺陷，说明该焊口不合格，应切除重新焊接（见图 14-9）。

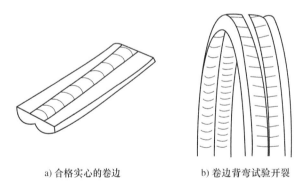

a) 合格实心的卷边　　　　　b) 卷边背弯试验开裂

图 14-9　热熔对接连接焊缝卷边试验

（9）忌热熔对接连接接头拉伸试验脆性开裂

原因：热熔对接连接接头拉伸试验时出现脆性开裂，说明该焊口两端面物料没有充分熔合，有可能是焊接压力过大、过小或者焊接面被污染等问题所致。

措施：热熔对接连接接头拉伸试验出现脆性开裂，说明该焊口不合格，应检查是否按照规定的焊接工艺施焊，若按照规定的焊接工艺施焊仍出现此问题，应该调整焊接工艺，重新进行焊接工艺评定（见图 14-10）。

a) 热熔对接连接接头拉伸试验韧性开裂　　　　b) 热熔对接连接接头拉伸试验脆性开裂

图 14-10　热熔对接连接焊接接头试验

14.5.2　电熔连接质量检测

（1）忌电熔连接完成后电熔管件出现变形、变色等问题

原因： 电熔管件焊接完成后出现变形，主要是由于焊接过程中存在应力；而变色是因焊接温度过高而导致管件老化。两种现象均影响焊口质量。

措施： TSG D2002—2006《燃气用聚乙烯管道焊接技术规则》规定，"电熔管件焊接完成后电熔管件应当完整无损，无变形及变色。"如果出现以上现象，该焊口判定为不合格，应切除重焊。

（2）忌电熔连接完成后电熔管件观察孔顶出物呈流淌状态或者焊接面有熔融物溢出

原因： 电熔管件定位不正确；管材插入深度不够；管材、管件不在同一轴线上；有外应力；卷盘管材熔接前未进行拉直处理或弯曲变形大的管材未进行复原处理等。

措施： 如果出现上述情况，该电熔连接焊缝判定为不合格，应切除重新焊接。

（3）忌电熔连接承插焊接的承插口与焊接管道元件不同轴

原因： 电熔连接承插焊口不同轴，有可能是两端的管段存在方向不同，或者管道元件插入电熔承插管件时用力不均匀，导致电熔承插焊接的承插口与焊接管道元件不同轴。

措施： 在进行电熔连接时，如果两端管道元件不同轴或者不圆度较大，应采用专用电熔管件夹具进行定位、复圆矫正，焊接完成后再将电熔管件夹具卸除（见图 14-11）。

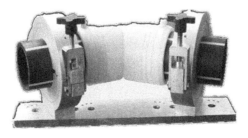

图 14-11　电熔连接专用固定夹具

（4）忌电熔连接完成后熔接面没有刮削

原因： 电熔连接时，施工操作不规范，没有刮削，或刮削面积小于电熔焊接区域的面积。

措施： 电熔连接承插焊接时，测量电熔管件的长度或者中心线，在焊接的管材表面上划线标识，电熔承插焊的刮削长度应为：1/2 电熔管件长度 + 10mm，将划线区域内的焊接面刮削 0.1 ~ 0.2mm 深，以去除氧化层。刮削完成后在管材上重新划线，位置距端面为 1/2 管件长度。将清洁的电熔管件与需要焊接的管材承插，保持管件外侧边缘与标记线平齐。安装电熔夹具，不得使电熔管件承受外力，管材与管件的不同轴度应小于 2%。电熔连接鞍形焊应将鞍形管件先贴合到待焊接管道元件表面，用记号笔沿鞍形件外沿进行划线标记，将划线区域内的焊接面刮削 0.1 ~ 0.2mm，以去除氧化层，刮削区域应大于鞍体边缘。

（5）忌电熔连接组件的熔接面出现电阻丝涨出、裸露、错行等问题

原因： 电熔连接时，焊缝出现电阻丝涨出、裸露、错行等问题，一般是由于装配过程中管件存在应力、不同轴或者电熔管件与待焊管道元件间隙过大，导致焊接过程中电阻丝涨出。也有可能是因为在装配时用力较大，将电阻丝戗出所致。

措施： 在电熔连接时，应采用电熔夹具进行定位和矫正。在将管道元件插入电熔管件时，应均匀用力，避免出现插入倾斜或者将电阻丝戗出的现象。

（6）忌电熔焊接过程中出现"冒烟"或过早停机

原因： 电熔管件出厂标准中，一般熔接时间参数都是按 20℃ 的环境温度为设计标准。如果电熔连接过程中环境温度不同，则意味着管件在熔接过程中热传导条件发生改变，会直接影响熔接质量，因此必须监控环境温度。这里所指的环境温度是熔接点周围的环境温度。对质量合格出厂的电熔管件，其内部电阻丝的电阻值是恒定的，此时电阻丝的发热功率仅与熔接电源提供的电压有关，加热功率即随之改变，熔接接口的质量因受加热功率波动影响而改变。

措施： 严格执行焊接参数，同时在施工过程中按照厂家说明书的修正值适当修正熔接时间。不能在大功率设备下直接接入熔接用电源，共用一条电缆线。一般当焊机距电源在 50m 内使用 2.5mm² 的输入电缆，当焊机距电源 50 ~ 100m 时需选用 4mm² 的输入电缆线，当焊机距电源 100m 以上时需加粗输入电缆线或配接发电机，禁止电缆线盘绕使用。

（7）忌电熔连接焊口出现脆性开裂

原因： 电熔连接焊口出现脆性开裂，可能是由于未刮除氧化层、焊接面被油污或者存在其他物质污染等。

措施： 对于电熔连接承插焊口，根据管道元件口径大小，按照 GB/ T 19808—2005《塑料管材和管件公称外径大于或等于 90mm 的聚乙烯电熔组件的拉伸剥离试验》和 GB/T 19806—2005《塑料管材和管件聚乙烯电熔组件的挤压剥离试验》两个标准进行挤压剥离试验或者拉伸剥离试验（见图 14-12）。若剥离脆性破坏百分比大于 33.3%，则判定该焊口不合格。

对于电熔连接鞍形焊接，建议按照 TSG D2002—2006《燃气用聚乙烯管道焊接技术规则》附录 H 规定的方法进行拉伸剥离试验，若剥离脆性破坏百分比大于 33.3%，则判定该焊口不合格。

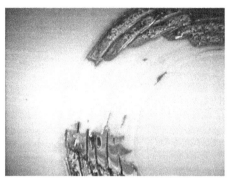

a) 电熔焊口脆性开裂

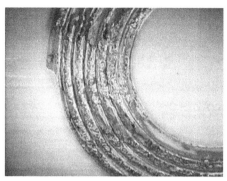
b) 电熔焊口韧性开裂

图 14-12　电熔焊接接头试验

14.6　焊接工艺评定

（1）忌压力管道焊接工艺评定由非持证焊工操作

原因：焊接工艺评定的目的是通过对管道热熔对接连接、电熔连接承插焊接与电熔连接鞍形焊接接头性能的评价，验证拟定焊接工艺及参数的正确性。持证焊工技术水平能够保证焊接过程工艺得到切实执行。

措施：根据 TSG D2002—2006《燃气用聚乙烯管道焊接技术规则》规定，焊接工艺评定试件由评定单位技能熟练的持证焊工操作。

（2）忌不同级别原料热熔对接连接焊接工艺评定结果相互覆盖

原因：不同级别的聚乙烯原料焊接工艺差异较大，不能相互覆盖。比如根据 TSG D2002—2006《燃气用聚乙烯管道焊接技术规则》，PE80 级聚乙烯管道焊接温度为（210±10）℃，PE100 级聚乙烯管道焊接温度为（225±10）℃。

措施：不同原料级别或者同一原材料级别的管道元件，熔体质量流动速率（MFR）差值大于 0.5g/10min（190℃，5kg）的管道元件进行热熔对接连接焊接时，应进行工艺评定。

（3）忌焊接工艺评定制作不按照预焊接工艺规程施焊

原因：焊接工艺评定试件的检测结果，可以验证拟定的预焊接工艺规程的正确性。如不按照预焊接工艺规程规定的参数施焊，将无法验证拟定的预焊接工艺规程的正确性。

措施：实际焊接工艺评定试件焊接过程中，应严格按照预焊接工艺规程的参数要求进行施焊，经检测判定后，形成焊接工艺评定报告。焊接工艺评定报告合格，可根据焊接工艺评定报告编制焊接工艺规程，否则，应重新修正预焊接工艺规程的参数，并重新进行焊接工艺评定过程。

（4）忌压力管道元件安装单位对电熔管件进行工艺评定

原因：电熔连接承插焊接和电熔连接鞍形焊接的焊接工艺评定，由管道元件制造单位在产品设计定型时进行。

措施：管道安装单位应对电熔连接焊接工艺进行验证，验证项目及检验与试验按照 TSG D2002—2006《燃气用聚乙烯管道焊接技术规则》进行。

（5）忌聚乙烯压力管道无焊接工艺评定施焊

原因：聚乙烯压力管道的焊接质量由于暂时没有非常成熟的无损检测手段，所以主要依靠稳定的工艺流程保证。焊接工艺评定的目的是通过对管道热熔对接连接、电熔连接承插焊接与电熔连接鞍形焊接接头性能的评价，验证拟定焊接工艺及参数的正确性。

措施：首次使用的焊接参数应进行焊接工艺评定。

山东中杰特种装备股份有限公司

山东中杰特种装备股份有限公司，始建于 1984 年，位于菏泽市开发区济南路 2218 号。建有济南路、长江东路、渤海路三处厂区，总占地 25 万余平方米，主车间面积 83000 余平方米，下设 6 大事业中心，现有员工 800 多人，其中工程技术人员 240 余人。

企业高度聚焦绿色能源特种装备，主导产品有：燃油（气）锅炉、余热锅炉、有机热载体炉、生物质锅炉等锅炉产品；LNG 储罐、氧氮氩储罐、CO_2 储罐等真空绝热深冷压力容器；液化石油气储罐、液氨储罐、脱硝工程设备、蓄热储能设备、成套化工设备等压力容器产品；地（水）源热泵、空气源机组、水冷螺杆机组、风冷模块等中央空调暖通设备；同时承接 LPG 液化气站安装、LNG 标准站安装、锅炉安装、工业管道安装、化工设备安装等业务。公司规划产品有大型热能中心、LNG 运输车、LNG 罐式集装箱等高端绿色能源装备。

燃气锅炉发往中哈 IPCI 项目

35 吨生物质锅炉项目

真空绝热深冷容器

液化石油气储罐

高标准大型生产车间

公司为国家高新技术企业，企业拥有自营进出口权，具有 B 级锅炉制造许可及 A2 级压力容器设计与制造许可资质，2 级锅炉安装和 GB2、GC 类压力管道安装许可资质，机电设备安装专业承包资质，美国机械工程师学会（ASME）U、U2、S 认证等。并通过了 ISO9001、ISO14001、OHSAS18001 体系认证。

企业为中国锅炉与水处理协会会员单位、中国化工装备协会会员单位和山东省装备制造协会理事单位，被省工信厅认定为"山东省专精特新企业"，研发的超低温压力容器焊接、生物质锅炉减排、余热利用等技术先后入围山东省工信厅科技创新项目和山东省发改委重点项目。公司高度重视科技创新和设计研发工作，先后获得授权专利 80 多项。

压力容器发货区一角

公司产品先后在中国石油、中国石化、中国海油、中国燃气、中国中车、中国华冶、青岛啤酒、汇源果汁、金正大等两万多家知名大中型企业得到应用和见证，同时产品还出口到东南亚、中亚及非洲、拉丁美洲等国家和地区，深受用户好评。

山东中杰特种装备股份有限公司秉承"实现员工梦想、创造客户价值，为祖国的繁荣富强而努力奋斗"的伟大愿景，专心致力于绿色能源特种装备事业的发展，以卓越的产品和优质的服务奉献社会！选择中杰特装，携手共铸辉煌！

中杰特装济南路厂区

中杰特装渤海路厂区

中杰特装长江路厂区

地址：山东省菏泽市开发区济南路 2218 号　　电话：0530-5038886
网址：www.zhongjietezhuang.com　　邮箱：zhongjie@c-jsec.com

济南黄台煤气炉有限公司
JINAN HUANGTAI GAS FURNACE CO., LTD.

专业的煤制气设备、锅炉产品、钢结构产品、铸件产品生产厂家

济南黄台煤气炉有限公司始建于1958年，注册资金2亿元，公司现有员工500余人，是一家集研发、设计、制造、建设、服务于一体的煤化工装备制造企业。以煤气化技术的研发及产品的制造为企业核心，另有危废-固废高温熔融处理技术、生物质热解气化技术、新型垃圾热解气化发电技术等；公司主要产品为高效、节能、环保的煤制气设备。特别是以低阶粉煤为原料的常压循环流化床气化炉工艺制取合成气、工业燃料气的产品及技术已经成熟化、系列化、规范化，并成功运用于有色、冶金、建陶、合成氨、化工以及焦化等行业，产品清洁环保、技术领先，可为各行各业提供优质的产品和服务。

公司具有D级压力容器设计及制造许可证；A级锅炉制造许可证；GC2级压力管道安装资质；建筑机电安装工程专业承包贰级；钢结构工程专业承包叁级；电器仪表控制设计安装资质。

公司目前占地总面积约15万平方米，加工、制造厂房面积约10万平方米，300亩新厂区正在积极建设中，拥有数控机床、自动焊机、激光切割机等生产加工设备，检测及加工试验占地面积约为1000平方米，各类检测及加工试验设备近百台，年生产压力容器、锅炉等特种设备达2万余吨；非标准设备加工能力达5万余吨；同时拥有钢结构加工生产线及特殊材料精密铸造生产分厂及特殊材料焊接、加工实验室、膜式壁加工车间等。

一带一路 诚者有心

公司网站：www.shandonggas.com
联系电话：4008920001　18340065888
联系地址：济南市商河经济开发区力源街东首

济宁鲁科检测器材有限公司
JINING LUKE TESTING EQUIPMENT CO.,LTD.

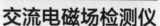

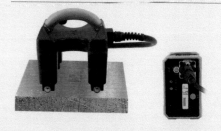

TAIYANG INSPECTION

诚于心 信于行

公司简介 COMPANY PROFILE

　　山东泰阳特种设备检测科技有限公司坐落于美丽的黄河三角洲城市——东营，秉承"诚信、科学、团队、专业、服务、成长"的理念，致力于打造"信守承诺、对检测数据的精益求精和独立判断"的品牌形象，专业从事承压类特种设备检验检测、大型工程无损检测、常压储罐检验检测、埋地管道检验检测以及安全阀、呼吸阀校验。

　　客户永远是泰阳检测公司实现价值的始发点和落脚点，深刻、超前地满足客户外在和潜在的需求是泰阳人永无止境的追求，"成为受人尊敬的检测机构"是泰阳人的愿景，泰阳人愿一如既往与您风雨同舟、共谋发展、携手共赢。

　　"泰阳检测"不仅是各位朋友和客户首选的合作伙伴，更是您永远信赖的朋友！

业务领域 BUSINESS AREA

-承压类特种设备检验检测-

-常压储罐检验检测-

-埋地管道检验检测-

-金相检测-

-DR检测-

-TOFD检测-

山东泰阳特种设备检测科技有限公司　　　☎ 销售电话：0546-7038693　　　✉ 邮箱：sdtyjcgs@163.com

📍公司地址：山东东营市经济开发区运河路336号光谷未来城F3座　　　技术电话：0546-8080226　　　🌐 网址：http://sdtysei.cn/